走进大学
DISCOVER UNIVERSITY

什么是

三角学？

TRIGONOMETRY:

A VERY SHORT INTRODUCTION

U0244451

［加］格伦·范·布鲁梅伦 著

雷逢春 李风玲 译

大连理工大学出版社
Dalian University of Technology Press

简体中文版 © 2024 大连理工大学出版社
著作权合同登记 06-2022 年第 201 号
版权所有·侵权必究

图书在版编目（CIP）数据

什么是三角学？ /（加）格伦·范·布鲁梅伦著；雷逢春，李风玲译. -- 大连：大连理工大学出版社，2024.11
书名原文：Trigonometry: A Very Short Introduction
ISBN 978-7-5685-4560-0

Ⅰ.①什… Ⅱ.①格…②雷…③李… Ⅲ.①三角—研究 Ⅳ.① O124

中国国家版本馆 CIP 数据核字 (2023) 第 123896 号

什么是三角学？ SHENME SHI SANJIAOXUE?

出 版 人：苏克治
策划编辑：苏克治
责任编辑：王　伟　周　欢
责任校对：李舒宁
封面设计：奇景创意

出版发行：大连理工大学出版社
　　　　　（地址：大连市软件园路80号，邮编：116023）
电　　话：0411-84708842（营销中心）
　　　　　0411-84706041（邮购及零售）
邮　　箱：dutp@dutp.cn
网　　址：https://www.dutp.cn

印　　刷：辽宁新华印务有限公司
幅面尺寸：139mm×210mm
印　　张：7.5
字　　数：165千字
版　　次：2024年11月第1版
印　　次：2024年11月第1次印刷
书　　号：ISBN 978-7-5685-4560-0
定　　价：39.80元

本书如有印装质量问题，请与我社营销中心联系更换。

出版者序

高考，一年一季，如期而至，举国关注，牵动万家！这里面有莘莘学子的努力拼搏，万千父母的望子成龙，授业恩师的佳音静候。怎么报考，如何选择大学和专业，是非常重要的事。如愿，学爱结合；或者，带着疑惑，步入大学继续寻找答案。

大学由不同的学科聚合组成，并根据各个学科研究方向的差异，汇聚不同专业的学界英才，具有教书育人、科学研究、服务社会、文化传承等职能。当然，这项探索科学、挑战未知、启迪智慧的事业也期盼无数青年人的加入，吸引着社会各界的关注。

在我国，高中毕业生大都通过高考、双向选择，进入大学的不同专业学习，在校园里开阔眼界，增长知识，提升能力，升华境界。而如何更好地了解大学，认识专业，明晰人生选择，是一个很现实的问题。

为此，我们在社会各界的大力支持下，延请一批由院士领衔、在知名大学工作多年的老师，与我们共同策划、组织编写了"走进大学"丛书。这些老师以科学的角度、专业的眼光、深入浅出的语言，系统化、全景式地阐释和解读了不同学科的学术内涵、专业特点，以及将来的发展方向和社会需求。

为了使"走进大学"丛书更具全球视野，我们引进了牛津大学出版社的 *Very Short Introductions* 系列的部分图书。本次引进的《什么是有机化学？》《什么是晶体学？》《什么是三角学？》《什么是对称学？》《什么是麻醉学？》《什么是兽医学？》《什么是药品？》《什么是哺乳动物？》《什么是生物多样性保护？》涵盖九个学科领域，是对"走进大学"丛书的有益补充。我们邀请相关领域的专家、学者担任译者，并邀请了国内相关领域一流专家、学者为图书撰写了序言。

牛津大学出版社的 *Very Short Introductions* 系列由该领域的知名专家撰写，致力于对特定的学科领域进行精练扼要的介绍，至今出版700余种，在全球范围内已经被译为50余种语言，获得读者的诸多好评，被誉为真正的"大家小书"。*Very Short Introductions* 系列兼具可读性和权威性，希望能够以此帮助准备进入大学的同学，帮助他们开阔全球视野，让他们满怀信心地再次起航，踏上新的、更高一级的求学之路。同时也为一向关心大学学科建设、关心高教事业发展的读者朋友搭建一个全面涉猎、深入了解的平台。

综上所述，我们把"走进大学"丛书推荐给大家。

一是即将走进大学，但在专业选择上尚存困惑的高中生朋友。如何选择大学和专业从来都是热门话题，市场上、网络上的各种论述和信息，有些碎片化，有些鸡汤式，难免流于片面，甚至带有功利色彩，真正专业的介绍尚不多见。本丛书的作者来自高校一线，他们给出的专业画像具有权威性，可以更好地为大家服务。

二是已经进入大学学习，但对专业尚未形成系统认知的同学。大学的学习是从基础课开始，逐步转入专业基础课和专业课的。在此过程中，同学对所学专业将逐步加深认识，也可能会伴有一些疑惑甚至苦恼。目前很多大学开设了相关专业的导论课，一般需要一个学期完成，再加上面临的学业规划，例如考研、转专业、辅修某个专业等，都需要对相关专业既有宏观了解又有微观检视。本丛书便于系统地识读专业，有助于针对性更强地规划学习目标。

　　三是关心大学学科建设、专业发展的读者。他们也许是大学生朋友的亲朋好友，也许是由于某种原因错过心仪大学或者喜爱专业的中老年人。本丛书文风简朴，语言通俗，必将是大家系统了解大学各专业的一个好的选择。

　　坚持正确的出版导向，多出好的作品，尊重、引导和帮助读者是出版者义不容辞的责任。大连理工大学出版社在做好相关出版服务的基础上，努力拉近高校学者与读者间的距离，尤其在服务一流大学建设的征程中，我们深刻地认识到，大学出版社一定要组织优秀的作者队伍，用心打造培根铸魂、启智增慧的精品出版物，倾尽心力，服务青年学子，服务社会。

　　"走进大学"丛书是一次大胆的尝试，也是一个有意义的起点。我们将不断努力，砥砺前行，为美好的明天真挚地付出。希望得到读者朋友的理解和支持。

　　谢谢大家！

苏克治

2024年8月6日

序　言

　　作为数学的一个古老和重要的分支，三角学自古以来就是连接几何与代数的桥梁。三角学不仅为数学本身的发展提供了重要的工具，而且在物理学、工程学、天文学等众多领域中都有广泛的应用。

　　这是一本介绍三角学发展历史的通俗科普读物。作者通过大量翔实的历史资料向读者生动地展示了三角学（重点在平面三角学，兼顾球面三角学）历史发展的各个阶段的概貌，言简意赅地揭示了三角学基本理论产生的背景、发展脉络和三角学与其他一些数学（如无穷大、复数和非欧几里得几何）在发展过程中的相互影响。同时结合大量实际应用例子，如天文学中的星体位置计算、航海学中的导航设计、物理学中的振动与波动、工程学中的结构设计等，展示三角学在这些领域中的实际应用。这些例子将让读者深刻感受到三角学既源自人们日常生活的需求，又有着非常重要的实用价值，同时也是内涵非常丰富并与许多其他学科联系紧密的数学分支。

本书的一个特点是，作者将几何和测量密切联系，介绍简明扼要中又着重描述三角学发展中问题驱动的前因后果，其中包含大量的富有创造性的逻辑推证和经验思维，诠释了在这里为什么问题是数学创造力之母。

对数学有一定了解的人都可以阅读本书。通过阅读此书，读者将对数学特别是三角学的魔力有所了解，也会激发读者对三角学的神秘性进一步了解的好奇心。

我向读者郑重推荐这本书！

中国科学院院士 张伟平

2024年8月

前　言

　　这本书不是对学校三角学知识的复习，尽管它将涵盖其中的一些内容。相反，本书旨在揭示三角学学科的丰富性：其错综复杂的历史、其在各种科学和实际中的应用，以及其与现在一些有趣的数学（如无穷大、复数和非欧几里得几何）之间的相互联系与影响。

　　在这里，几何和测量融为一体，你将发现大量富有创造性的逻辑和经验思维。我们将不仅仅探索什么是真实的，还探索它为什么是真实的。在数学中，这通常以逻辑论证的形式出现。我们没有拘泥于形式，但我们也不会回避它们。三角学的发展历程充分表明了为什么问题是数学创造力的源泉。每个人（大部分人，包括我自己）在阅读证明时都会在某个时候卡住。这可能非常令人沮丧。在这种情况下，你可以做两件事。一是寻求其他资源（例如进一步阅读或通过互联网查）的帮助。二是直接跳到结果部分，从那里继续讨论。大多数主题都是模块化的，如果你放弃一个让你感到困扰的论点，也不会损失太多。

撰写*Very Short Introductions*这套丛书中的《什么是三角学？》也给我一个绕过一些细节的借口。本书内容并非面面俱到。面面俱到不是*Very Short Introductions*这套丛书的侧重点。你也可以参阅其他书籍帮助自己理解本书遗漏的问题。

任何对数学有一定了解的人都可以阅读这本书。这并不意味着你一定会完全理解书中所有的内容，但这意味着你将对数学（尤其是三角学）的魔力和神秘性有所了解。除了偶尔会为熟悉微积分的读者介绍一两个公式来说明一些观点，本书的任何内容（甚至在第五章中关于无穷大的内容）都不会假设读者熟悉微积分。

准备好你的好奇心，来阅读这本书吧。我做到了，这是一次非凡的经历。

格伦·范·布鲁梅伦

致　谢

我很荣幸得到许多人的善意支持，他们牺牲了自己的一些空闲时间来审读和改进这本书。首先是奎斯特大学和"数学之路"夏令营的学生；我将这本书献给他们。有几位读者值得特别提及：亚当·阿克斯（Adam Achs）、费迪南德·格吕嫩瓦尔德（Ferdinand Gruenenwald）、克莱门西·蒙泰勒（Clemency Montelle）、凯琳·普里查德（Kailyn Pritchard）、米歇尔·罗布林（Michele Roblin）、阿里尔·范·布鲁梅伦（Ariel Van Brummelen）和维妮莎·沃尔斯滕（Venessa Wallsten）。牛津大学出版社的团队〔拉塔·梅农（Latha Menon）、珍妮·努吉（Jenny Nugée）、桑迪·加雷尔（Sandy Garel）等人，遗憾的是，我可能永远不会知道他们所有人的名字〕非常出色。正是因为他们，*Very Short Introductions* 系列丛书才能如此高质量并取得如此成功。最后，我要感谢本书初稿的审阅者。他们的努力无疑大大减少了我为初稿不足之处道歉的需要。尽管如此，我仍然要道歉。

目　录

第一章
为什么？

喜帕恰斯

　　罗德岛的喜帕恰斯（Hipparchus）是古希腊的一位天文学家。他在试图预测日食或月食的时间，即天空中月球、太阳和地球完美对齐、遮住太阳或月亮的那些戏剧性的时刻时，遇到了一个问题。知道它们何时发生会使我们对宇宙有深刻的认识和掌握，但这很难做到。月球在恒星的背景下移动得非常快（每天超过10°，是其直径的20倍），而且它的路径是不规则的。太阳也会沿着黄道的完美圆圈移动，尽管速度较慢，但可预测，每天移动约1°。是的，太阳正在绕地球运行：我们是古代天文学家，而不是现代天文学家。

　　让我们更仔细地看看这条路径（图1）。太阳绕地球一圈需要整整一年的时间。这也是"年"的含义。然而，喜帕恰斯知道太阳并不是以恒定的速度沿着圆周运行。在古代，人们认为春季时太阳移动的速度最慢。但目前人们认为在夏季时太阳移动的速度最慢,使得夏季成为最长的季节。古代的数学工具并不能直接处理在其圆形路径上移动的时快时慢的物体的位置等问题。为解决这个问题,喜帕恰斯将地球从太阳轨道的中心移开。这样,就可以假定太阳在黄道上以恒定的速度行进。从而,当太阳在春季离我们较远时,我们会觉得它移动得慢一些。

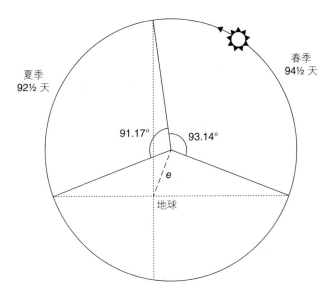

图1 喜帕恰斯的太阳模型

为了准确预测日食，喜帕恰斯需要准确地知道太阳和月亮的位置。因此需要知道地球与太阳轨道中心的距离，即偏心率e。这反过来意味着我们需要知道轨道的半径。但由于古人无法测量地球到太阳的距离，我们可以简单地假设轨道半径是一个非常大的距离单位，事实上，它是一个天文单位。喜帕恰斯知道季节的长度：春季为$94^1/_2$天，夏季为$92^1/_2$天。由于圆是360°，我们可以轻松地将这些值转换为角度：

$$春季，（94^1/_2 天）\times \frac{360°}{365\frac{1}{4} 天} = 93.14°；$$

$$夏季，（92^1/_2 天）\times \frac{360°}{365\frac{1}{4} 天} = 91.17°。$$

但现在喜帕恰斯陷入了困境。我们在图1中测量了弧和角度，但除了圆的半径（无论如何都是我们假设出来的）之外，我们没有任何关于长度的信息。我们手边也没有任何工具可以让我们找到它们。如果喜帕恰斯不能将角度转换为长度，他就不能预测任何日食。他甚至无法迈出第一步，即确定e的值。

布雷修

莫里斯·布雷修是16世纪的法国数学家和人文主义者。他在撰写一篇关于数学和天文学的论文时遇到了一个问题：如何确定附近一座塔的高度？（图2）布雷修对这个问题产生了兴趣。经过深入研究，布雷修最终于1581年出版了《天文测量（*Metrices astronomicae*）。在此之前，他的数学工作一直支持天文学的研究，但这个问题完全是地球上的问题。他沿着地面从位置 C 到塔楼 B 的底部进行了测量，共50步；他用仪器测量角度，发现 $\angle BCA$ 为60.5°。但下一步该如何进行呢？

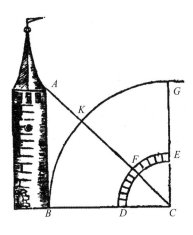

图2　布雷修的著作《天文测量》中塔的高度的计算

布雷修可以使用"实用几何"中的技术来解答这个问题。这是一种中世纪的做法，比使用数学天文学更简单。例如，他可以制作一个在C处具有相同角度的较小三角形，并测量其边长。由于这两个三角形的形状相似，他可以利用这些结果来求出塔的高度。他确信，他所使用的方法可以发展为一种更优雅、更强大的数学。

开尔文勋爵

威廉·汤姆逊爵士是维多利亚时代主导科学的物理学家，后来被封为开尔文勋爵。有一段时间，他对预测海洋潮汐产生了兴趣。提前了解潮汐状态对于水手、渔民、海岸工程师和冲浪者来说是非常有价值的。这甚至可能是生死攸关的问题：公元前55年，凯撒大帝首次登陆不列颠时，因不了解当地的潮汐，导致船只被摧毁。潮汐的涨落按特定规律出现（图3），但仅仅查看过去几天的潮汐图并不能提供足够的信息让我们准确地判断未来几天潮汐将如何持续，更不用说几个月了。

在汤姆孙所处的时代，天文对潮汐的影响已广为人知，即月球、太阳和地球之间的引力相互作用会影响潮汐。这一

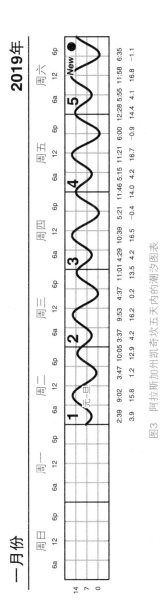

图3 阿拉斯加州凯奇坎五天内的潮汐图表

时期人们预测它们相对位置的能力已经远远超出了喜帕恰斯两千多年前所取得的成就。但这个故事还有更多内容：各种局部效应，例如岸边的坡度或水深，可能会对潮汐从一个地方到另一个地方的表现产生重要影响。汤姆孙的问题归结为：我们有一张特定地点在一段时间（例如过去一个月）的潮汐观测图表。从这张图表中，我们需要区分导致这种潮汐模式的各种影响因素，然后结合我们对这些因素的了解来预测未来一段时间的潮汐。这不是一件容易的事。物理学家理查德·费恩曼（Richard Feynman）曾经谈到过类似的情况："根据食谱制作蛋糕很容易，但如果给我们一块蛋糕，我们能写出来食谱吗？"

三角学的问题

每一位科学家都可能面临着同样的困难：他们可以使用的数学工具达不到量化他们正在研究的现象的要求。喜帕恰斯可以精确测量出与季节相对应的弧线的长度，但他无法将这些信息用于确定同一张图中各条线的长度。布雷修可以从塔图中看出，他已经掌握了足够的信息，原则上可以求出塔的高度；50步外可能只有一座塔的高度对应于60.5°。但是，他如何将这个角度的知识转化为距离的知识呢?

这是三角学的核心问题:我们如何将几何和计算结合起来解决客观的物理问题?从某种意义上说,这就是科学的起源。如果喜帕恰斯可以将他关于太阳的运动假设转换成预测其未来的位置,他就能进行真正的科学实验。今天,在几何和测量之间架起桥梁的例子比比皆是。一位软件设计师想要旋转计算机屏幕上的一个图像作为最新视频游戏动画的一部分。焊工需要将钢材切割成适合的长度来拼接成两个弯曲的曲面。测量员需要了解一块不规则形状土地的面积。如果数学是关于几何和数字的学科,那么三角学就是允许我们在它们之间来回穿梭的学说。

大家可能已经注意到,我把开尔文的潮汐预测排除在三角学的表征之外了。有些事情与这个例子有质的不同,这种差异反映了在18世纪盛行的主题本质上已发生了戏剧性的变化。从现在开始,我将把这个遗漏作为一种好奇来思考,我们将在第五章重新讨论这个问题。

第二章
正弦、余弦及其近似值

让我们回到图2中布雷修关于塔的高度的计算问题。从观察者位置C到塔楼底部B、到顶部A、再回到位置C的路径形成一个直角三角形。观察者所处的角度为60.5°，因此顶部的角度必定为29.5°，这样我们就知道了三角形的形状。我们还知道底部有50步长。如何求另外两条边的长度？在布雷修之前，这个问题属于实用几何领域。这个不起眼的名字起得很好。圣维克多休是12世纪一位神秘的神学家，他从对神学的沉思中抽出时间来撰写关于这个问题的文章。他简单地使用星盘（用于测量恒星高度的圆盘）构建了一个形状与星盘相似的小三角形（图4）。星盘上这个三角形的底部被分成12个单元。利用星盘上的网格，他可以测量较小三角形的高度，结果只稍微高于21步。由于高度与底部的比例为$\frac{21}{12}$，因此塔的高度约为$\frac{21}{12} \times 50 = 87.5$步。（从图4中可以看出，$C$处的角度大于45°会使测量变得更加困难，因为三角形向上延伸超过了星盘的边缘。圣维克多休可能会建议布雷修向后退一点。）

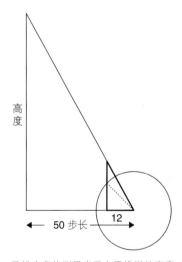

图 4　圣维克多休测量出了布雷修塔的高度

与此同时，布雷修将更为精确的数学知识用于他的天文学。德国天文学家雷吉奥蒙塔努斯（Regiomontanus）将这一学科称为"通往星星的阶梯"。布雷修很担心他的同事对他将这个天体主题带到地球上有何反应。他将塔楼的工作限制在附录中，并以"我们希望读者不会感到不愉快……"作为开头。这一学科当时被称为三角形的"科学"或"学说"。十四年后，巴塞洛缪·皮蒂斯库斯在1595年出版的《三角测量》一书中使用了最终的名称，即"三角形的测量"。如图5所示，从1600年版《三角学》的封面可以看出，当时学者已经克服了对三角学在实际应用中的疑虑。

图5　皮蒂斯库斯1600年版《三角学》的封面，首次出现"三角学"一词

定义和使用基本三角函数

为了求出布雷修塔的高度，我们需要利用给定的角度求出各边的比例，就像利用角度60.5°求出高度与底部的比例为$\frac{21}{12}$一样。我们将已知角记为θ，并将各边命名为斜边、与已知角相对的边（对边）、与已知角相邻的边（邻边）（图6）。接下来，我们为边之间的各种比值命名：

$$\theta \text{的正弦}, \sin\theta = \frac{\text{对边}}{\text{斜边}};$$

$$\theta \text{的余弦}, \cos\theta = \frac{\text{邻边}}{\text{斜边}};$$

$$\theta \text{的正切}, \tan\theta = \frac{\text{对边}}{\text{邻边}}。$$

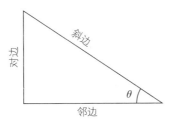

图6 直角三角形三边的名称

在该情况下，对边与邻边之比（约 $\frac{21}{12}$）称为60.5°的正切，或tan 60.5°。我们仍然不知道这些比率是多少，但科学计算器能计算出来。如何知道它们是我们将在第三章和第五章中解决的问题。现在，在科学计算器中输入tan 60.5°（确保它处于度数模式，而不是弧度模式）可以得到1.767 494，这确实与 $\frac{21}{12}$ 非常接近。

下面看一个现代的例子。我每天都会斜着穿过足球场步行回家，全程125米。今天，这条道路被一个上面写着"请勿踩踏草地"的新标志挡住了。这次我要步行多久到家？我首先测量对角线旅程与边线之间的角度，得到的值为33°（图7）。足球场地的宽度是对边，对角线是斜边。因此，

$$\sin 33° = \frac{\text{对边}}{\text{斜边}} = \frac{\text{球场宽度}}{125},$$

或者

$$\text{球场宽度} = 125 \sin 33° = 68.1 \text{米}。$$

我们可以用类似的方法求出足球场地的长度：

$$\cos 33° = \frac{\text{邻边}}{\text{斜边}} = \frac{\text{球场长度}}{125},$$

或者

球场长度= 125 cos 33° = 104.8米。

我总共需要步行68.1+104.8 = 172.9米，几乎比对角线捷径长近48米。

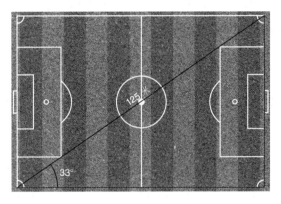

图7 步行穿过足球场

我们还可以得到布雷修塔的高度的精确值：

$$\tan 60.5° = \frac{对边}{斜边} = \frac{高度}{50步},$$

因此

高度 = 50 tan 60.5° = 88.4步。

有了这些方法，我们现在能够解决更复杂的问题。回想一下古代的天文学家喜帕恰斯，他想要找到太阳绕地球轨道的偏心率（图1）。假设圆的半径等于1，我们的目标是找到从地球到圆心的距离e。图1中没有直角三角形。我们可以通过圆心绘制水平线和垂直线（图8）。与春季对应的93.14°角现在已分解为一个直角和两个较小的角度，这两个较小的角度分别记为α和β。我们可以将春季和夏季的角度相加来找到α。从图8中我们看到春季和夏季角度的总和184.31°也等于上半圆加上两个α。因此，$\alpha = \dfrac{184.31° - 180°}{2} = 2.155°$。我们可以通过取左上直角，加上$\alpha$，减去$\beta$来组合出夏季角，即$91.17° = 90° + \alpha - \beta$，由此可知$\beta = 0.985°$。

下面我们重点关注一下图8中用粗线绘制的三个直角三角形：其中的两个三角形，斜边是圆的半径，其长度为1。右侧三角形的对边为c，故有$\sin 2.155° = \dfrac{c}{1}$，所以$c = 0.037\,6$。顶部三角形的对边为$d$，故有$\sin 0.985° = \dfrac{d}{1}$，所以$d = 0.017\,2$。中间的粗体三角形的斜边为$e$，另外两条边分别是$c$和$d$。因此，利用毕达哥拉斯定理（在直角三角形中，斜边的平方等于其他两条边的平方和），可得

$$e = \sqrt{c^2 + d^2} = \sqrt{0.037\,6^2 + 0.017\,2^2} = 0.041\,4。$$

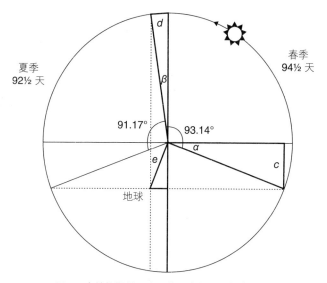

图 8　喜帕恰斯关于太阳偏心率问题的解决方案

　　这样，我们就解决了世界上第一个三角函数问题，得到了地球的偏心率e。

　　历史从来都不像看起来那么简单。首先，喜帕恰斯那时没有正弦函数，实际上没有任何现代三角函数。但他有一个表格，可以让他找到圆内弦的长度（图9），该长度是弦对应的角度一半的正弦的两倍。这是我们"正弦"的长篇故事的开始。在公元前5世纪左右的印度早期，天文学家开始意识到，将喜帕恰斯弦除以2可以简化他们的计算。在梵语中，他们将这种新长度命名为jya-ardha，即半弦。最终，ardha消失了，当jya被传播成阿拉伯语时，它被音译为jayb。事实证明，jayb已经有一些相关的含义：海湾、空腔或胸部。因此，当jayb传入拉丁欧洲时，它被翻译为鼻窦（是的，就像在你的鼻窦腔中一样）。现在尽管在英语中正弦已缩写为sine，但在一些国家或地区仍然使用jayb这个名称。

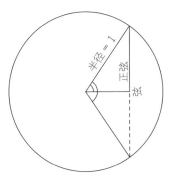

图9　弦与正弦

　　缩写"sin"和"cos"并不总是被人们普遍接受。直到18世纪末，人们普遍简单地用"S"或"s"来表示"正弦"，用"c"、"cs"或者"Σ"来表示"余弦"。也许最具创造性的符号是19世纪末逻辑学家查尔斯·道奇生（更广为人知的名字是刘易斯·卡洛尔）设计的符号：⌒代表"正弦"，⌒代表"余弦"。

在研究三角函数过程中，古希腊天文学家没有使用半径为1的圆，即我们的"单位圆"。他们使用半径为60的圆，该圆源自他们在天文工作中使用的巴比伦以60为基数的数字系统。几个世纪以来，人们使用了许多不同的半径研究三角函数。印度的一个常见值是看似奇特的3 438。如果将一弧分（$\frac{1}{60}$度）设置为长度单位，那么3 438就是圆半径的长度。在15世纪和16世纪的欧洲，天文学家使用半径为100 000甚至10 000 000的圆研究三角函数。那时还没有分数十进制系统。如此大的半径使天文学家能够将正弦表示为整数。半径为1的圆在10世纪首先在伊拉克出现，但直到很久以后才在欧洲出现。这种思维方式的一个含义是：正弦被认为是三角形中对边的长度，而不是我们今天所认为的对边与斜边的比值。

不太常见的函数

你可能想知道为什么我们只使用直角三角形的对边、邻边和斜边的比值定义三个三角函数。其实还有其他三种可

能性:

$$\theta\text{的余割,}\quad \mathrm{cosec}\,\theta = \frac{\text{斜边}}{\text{对边}};$$

$$\theta\text{的正割,}\quad \sec\theta = \frac{\text{斜边}}{\text{邻边}};$$

$$\theta\text{的余切,}\quad \cot\theta = \frac{\text{邻边}}{\text{对边}}.$$

我们可以使用这些新函数同样轻松地解决三角形问题。例如,要在河上建造一座桥梁,连接两个大门,其中一个大门位于另一个大门的下游。河流宽50米,新桥与河岸的夹角为25°。这座桥需要多长?根据图10中的三角形,我们知道

$$\mathrm{cosec}\,25° = \frac{\text{斜边}}{\text{对边}} = \frac{\text{桥长}}{50},$$

所以

$$\text{桥长} = 50\,\mathrm{cosec}\,25°.$$

我们的计算器上没有cosec按钮。然而,我们确实知道cosec是正弦的倒数(它是斜边/对边,而不是对边/斜边)。这样就有

$$\text{桥长} = 50\,\mathrm{cosec}\,25° = \frac{50}{\sin 25°} = 118.3\text{米},$$

问题就解决了。

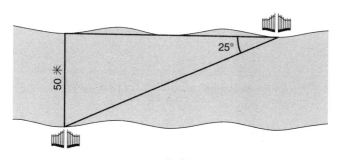

图10　搭建桥梁

　　这个解决方案提出了一个问题：如果我们可以通过将余割转换为正弦来解决问题，为什么还要为求解余割烦恼呢？简单的答案是我们不必这样做。正割（余弦的倒数）和余切（正切的倒数）也是如此。稍后我们会遇到这样的情况，如果我们使用这些次要函数之一，数学看起来会更流畅一些，但它们之所以次要是有原因的——它们总是可以被代替。这就是一般计算器没有标记cosec、sec或cot按钮的原因。

　　再看一个例子。考虑最简单的日晷形式，即图11中的一根插在地上的木棍（称为晷针）。假设晷针高80厘米。若太阳高度角为35°，问影子有多长？使用由晷针和阴影形成的三角形，我们有

$$\cot 35° = \frac{邻边}{对边} = \frac{影子}{晷针},$$

所以

$$影子 = 80 \cot 35° = \frac{80}{\tan 35°} = 114.25 厘米。$$

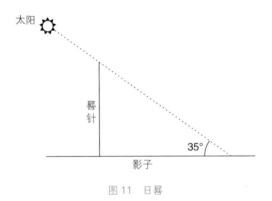

图 11　日晷

名字里有什么?

余切函数是计算垂直日晷影子长度的自然选择。对于带有水平晷针的日晷(例如建筑物墙上的日晷),则应使用正切函数。这就是在中世纪时期的伊斯兰世界和欧洲,这两个函数被称为阴影的原因。英语单词"tangent"的起源有点复杂。当15世纪意大利天文学家乔瓦尼·比安基尼在日晷之外将切线引入欧洲时，切线只是他的天文表收藏中的一张数字表。他认为切线不是三角函数，而是介于三角函数和天文学之间的辅助量。这对他将恒星位置从天球上的一个坐标系转换为另一个坐标系很有帮助。他的继任者雷吉奥蒙塔努斯在自己的著作中将这项发明称为"硕果累累的表格"。受雷吉奥蒙塔努斯的启发，意大利数学家弗朗切斯科·马罗利科（Francesco Maurolico）在1557年设计了"受益表"，其结果将我们所说的割线制成表格。

但这些三角函数的叫法并不是我们今天使用的名称。1583年，在丹麦科学家托马斯·芬克（Thomas Fincke）的《几何学》（*Geometria rotundi*）一书中，这六个三角函数的名字诞生了。我们可以在定义所有六个三角函数的单个图表中看到芬克的灵感（图12）。图12的历史可以追溯到10世纪的巴格达天文学家阿布·瓦法（Abū'l-Wafā'）使用的单位圆。由于半径为1，因此

$$\sin\theta = \frac{\text{对边}}{\text{斜边}} = \frac{AB}{1} = AB\;;$$

类似地，$\cos\theta = OB$。但三角形 OCD 与三角形 OAB 相似，因此

$$\frac{\sin\theta}{\cos\theta} = \frac{CD}{OD} = \frac{CD}{1} = CD\,,$$

然而，

$$\tan \theta = \frac{对边}{邻边} = \frac{对边/斜边}{邻边/斜边} = \frac{\sin \theta}{\cos \theta},$$

所以$CD = \tan \theta$。从同样的两个相似三角形我们可以找到OC：

$$\frac{CD}{OD} = \frac{OA}{\cos \theta},$$

但是$OA = OD = 1$，得出$OC = \dfrac{1}{\cos \theta}$。

但由于$\cos \theta = \dfrac{邻边}{斜边}$，而$\sec \theta = \dfrac{斜边}{邻边}$，$\cos \theta$和$\sec \theta$互为倒数，所以$OC = \sec \theta$。

在图12中，我们了解了这些名称被命名的原因。定义切线的线CD与单位圆相切（接触但不相交）。另外，定义割线的线OC与单位圆相割（相交）。

我们可以通过比较三角形OEF和三角形OAB来进一步完成图12。圆中心的两个角$\angle FOE$和$\angle AOB$之和为$90°$，即它们是互补的。$\angle FOE$和$\angle OFE$也是如此。因此$\theta = \angle AOB = \angle OFE$，这两个三角形相似。因此

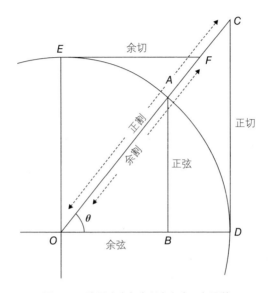

图 12 一张图表中包含所有六个三角函数

$$\frac{EF}{EO} = \frac{OB}{AB} \text{，或者} \frac{EF}{1} = \frac{\cos\theta}{\sin\theta}\text{，}$$

因此

$$EF = \frac{1}{\tan\theta} = \cot\theta\text{；}$$

$$\frac{OF}{EO} = \frac{OA}{AB} \text{，或者} \frac{OF}{1} = \frac{1}{\sin\theta}\text{，}$$

因此

$$OF = \frac{1}{\sin\theta} = \text{cosec }\theta。$$

我们的命名法仍然有一个谜：为什么其中三个名称（余弦、余割和余切）是在其他三个名称（正弦、正割和正切）前面加上前缀"co"形成的？答案就在我们刚刚定义的词中，即互补。让我们回到足球场问题（图7）。我们发现宽度为125 sin 33° = 68.1米。我们本可以用另一种方式找到它。考虑三角形右上角的角。它与33°角互补，即90° − 33° = 57°。若我们将右上角的角度视为给定的角度，则

$$\frac{宽度}{125} = \frac{邻边}{斜边} = \cos 57°，$$

所以

$$宽度 = 125 \cos 57° = 68.1米。$$

值得庆幸的是，它与我们之前得出的值相同。这里强调的是cos 57° = sin 33°，更一般地说，

$$\cos\theta = \sin(90° - \theta)。$$

换句话说，任意角度的余弦都等于其补角的正弦。1620年，英国数学家埃德蒙·冈特（Edmund Gunter）缩写了拉丁文的sinus Complimenti（"补角的正弦"），余弦一词由

此诞生。

人们可能会预料到其他两个术语的含义。通过类似的推理可知，角的余割是其补角的正割，角的余切是其补角的正切。这种分类法有一个好处，如果你有一个从0°到90°的正弦表，你只需自下而上读取它即可将其用作余弦表。正割表/余弦表和正切表/余切表也是如此。那么，为什么“余弦”是唯一有“co”的主函数，而正割是唯一没有“co”的次函数呢？当六个函数在16世纪末和17世纪开始普遍使用时，割线实际上比余弦更受青睐（图13）。如果计算器是在17世纪发

2 TABVLA SINVVM, TANGENTIVM, ET SECANTIVM,

Minuta.	Sinus 0	Tangẽs 0	Secans 0	Gradus	Sinus 1	Tangẽs 1	Secans 1	
0	0	0000	10000000		174524	174550	10001524	60
1	2909	2909	10000001		177433	177459	10001574	59
2	5818	5818	10000002		180341	180369	10001626	58
3	8727	8727	10000004		183250	183279	10001679	57
4	11636	11636	10000008		186158	186189	10001733	56
5	14544	14544	10000010		189066	189100	10001788	55
6	17453	17452	10000014		191975	192010	10001844	54
7	20362	20361	10000020		194883	194920	10001900	53
8	23271	23270	10000027		197792	197830	10001957	52
9	26180	26179	10000034		200700	200740	10002015	51
10	29088	29088	10000042		203608	203650	10002074	50

图 13　阿德里安斯·罗马纳斯（Adrianus Romanus）1609 年绘制的中正弦、正切和正割表的开头部分。（这些函数前十角分的值位于左侧，1°、1°1′、…、1°10′ 的值位于右侧。右侧的列可帮助使用者向后阅读表格以了解“互补”功能；例如，半径为 10 000 000 时，cos 88°59′ 的值为 177 433）

明的，你会发现一个"sec"按钮代替了我们的"cos"。（你喜欢余弦还是正割并不重要，正如我们所见，无论如何，数学都一样有效。）

更晦涩难懂的函数

我们的函数列表并不止于此。最近才"失宠"的一种函数是正矢。它最初与正弦函数一起在印度使用，其历史比几乎任何其他函数的历史都要悠久，直到19世纪末和20世纪初才逐渐消失。几个世纪以来，它的几个名称都反映了它在定义它的图表中引人注目的外观（图14）：梵语中的"sára"、阿拉伯语中的"sahm"和拉丁语中的"sagitta"均表示"箭头"。图14类似于弓箭，弦为弓绳，余弦为箭体，正弦为箭尖。它也等于图12中三角函数图上的 BD。假设我们使用单位圆，给定角度 θ 的正矢为

$$\text{vers } \theta = 1 - \cos \theta。$$

从这个定义我们可以看出，任何我们不能对余弦做的事情对正矢也不能做。但余弦本身无非是给定角度的补角的正弦，所以截至目前我们看到的所有函数都可能是从正弦推导出来的。尽管其他函数没有赋予我们任何新的数学能力，但

它们确实使解决问题和表达关系变得更容易。

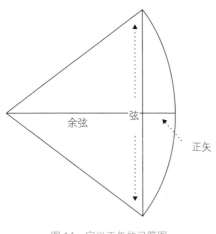

图 14 定义正矢的弓箭图

我们很快就会看到，在天文学、导航和测量等实际应用中经常使用正矢。我们从一个纯粹的数学问题开始：计算 π，即圆的周长与其直径的比值。在图15中，我们在单位圆内接了一个有360条边的正多边形，因此每条边对应1°的弧。已知圆的周长是2π，这个360条边的正多边形的周长是圆周长度的近似值。现在，

$BC = \sin 1° = 0.017\ 452\ 4$，$CA = \mathrm{vers}1° = 0.000\ 152\ 3$。

使用毕达哥拉斯定理，△ABC的斜边（也是多边形的一条边）

为

$$AB = \sqrt{\left(\sin 1^\circ\right)^2 + \left(\mathrm{vers}\, 1^\circ\right)^2} = 0.017\,453\,1,$$

乘以360,并将结果除以2,得到多边形的周长为3.141558,很不错。

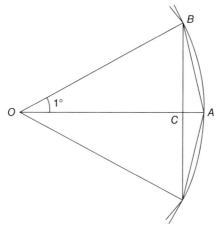

图 15 用 360 条边的正多边形估算 π

当然,这种方法要求我们计算sin 1°和vers 1°的值。如果我们无论如何都必须依赖计算器,我们不妨只使用其中涉及的π值。如果我们想避免计算器上三角函数按钮的神秘性(我们将在第三章和第五章中阐明),我们可以使用更多边数的多边形。例如,我们知道单位圆内切六边形的边长都等于1。但这会导致π ≈ 3,这是一个很差的近似值。

公元前3世纪，阿基米德使用96边形，并能够估计$3\frac{10}{71}<\pi<3\frac{1}{7}$。很久以后，在15世纪，波斯天文学家贾姆希德·阿尔·卡西（Jamshīd al-Kāshī）使用具有令人震惊的805 306 368条边的多边形来计算π，精确到小数点后十六位。显然，π的计算与三角学密切相关。我们将在第五章中看到，随着时间的推移，这种联系仍在继续，并且人们找到了更好的方法来计算π的越来越多位数的精确值。

三角函数中还有其他几种函数，包括余矢，即图12中从B到圆最左边点的距离，记为

$$\mathrm{vercos}\ \theta=1+\cos\theta;$$

外正割，即图12中割线上超出圆边缘的长度AC，记为

$$\mathrm{exsec}\ \theta=\sec\theta-1;$$

外余割，即长度AF，记为

$$\mathrm{excosec}\ \theta=\mathrm{cosec}\ \theta-1。$$

今天，如果在非游戏性的环境中看到这些函数中的任何一个，都将是一个了不起的发现。

正矢和余矢具有实际用处是有原因的。这与另一个难

题的答案有关：为什么像正弦和余弦这样的三角函数量有时会呈现负值，即使它们指的是几何长度的比率？想象一下以下场景：你坐在海上的观景台上，看着一艘船绕着一个直径200米的圆圈在航行。你并不位于圆圈的中心（圆心），而是距离圆圈西边缘50米（图16）。船从圆圈的东边开始，逆时针行驶。对于给定的角度θ，船向东离你有多远？

这个问题并不难。从船向圆的东西轴画一条竖线，利用我们截至目前所学到的知识，可以推断出从圆心向东到船的距离是图16（a）中粗线的长度，即100 cos θ。但你在圆心以西50米处，故最终表达式为

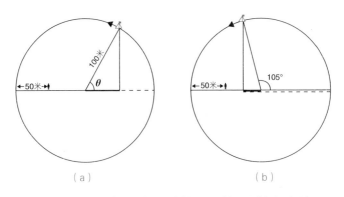

（a）   （b）

图16 正矢具有实际用处的一个例子：沿着圆形路径行驶的船

向东距离= 50 + 100 cos θ。

这个表达式对于不超过90°的θ值来说效果很好。例如，当θ = 60°时，向东距离为50 + 100 cos 60° = 100米。但如果θ大于90°，例如，θ = 105°[图16（b）]，怎么办？现在船已经驶过圆圈的北点，位于圆心的西侧。如果我们遵循余弦的几何定义，并让cos 105°为东西轴上的正距离，那么我们的公式就会遇到麻烦：它告诉我们将100 cos θ（这是向西的距离）添加到向东50米。

解决方案是使cos θ成为方向距离：在本例中是向东。当θ = 105°时，将cos 105°定义为负值，而100 cos 105° = −25.88米表示船位于圆心以东−25.88米处。换句话说，它位于圆心以西25.88米处。现在我们可以安全地将其添加到50米处，船位于我们东边50 − 25.88 = 24.12米处。现在我们的公式适用于θ的所有值。

这样已经很好了。但假若在袖珍计算器出现之前我们就在海上，我们有角度至多到90°的正弦表/余弦表，因此我们可以找到从圆心向西的线的长度，100 cos 75° = 25.88米，并从50米中将其减去。然而，这个过程要求有时我们将三角函数量（25.88米）加上50米，有时将三角函数量从50米中减去，具体加减取决于θ的值。导航计算有时候是生死攸关的事。尽管大多数时候我们都不会犯错，但只要犯一次错误，如把加法算成减法了，我们就没有按正确航线航行，这样就可能把船停在了海滩上的某个地方。

正矢是避免这个问题的巧妙方法。在图16中我们看到船向东的距离也可以通过从我们的位置到圆的最东点的整个距离减去100倍的正矢值（两种图案中的虚线）来得到：

$$向东距离 = 150 - 100\,\mathrm{vers}\,\theta。$$

跟着船绕一圈，我们看到正矢总是正的，所以我们总是减去100vers θ，即不需要决定是加还是减。这种做法使得这个过程更加可靠，而且我们最终会更少碰壁。

我们将在第三章看到vers θ既等于 $1 - \cos\theta$，又等于 $2\left[\left(\sin\dfrac{\theta}{2}\right)\right]^2$。

正弦项是平方项，因此它始终为正值。从19世纪初开始，航海家使用这个函数的一个微小变化——半正矢或半正弦——作为他们大部分三角函数工作的基础：

$$\operatorname{hav}\theta = \frac{1}{2}(1-\cos\theta) = \left[\left(\sin\frac{\theta}{2}\right)\right]^2 。$$

注意到上式正弦项的平方里嵌套的括号有点别扭，但是用方括号是很有必要的。如果我们只写$\sin\left(\frac{\theta}{2}\right)^2$，这可能意味着$\sin\left(\frac{\theta}{2}\right)$的平方或$\left(\frac{\theta}{2}\right)^2$的正弦。为了避免这种混乱，我们将平方移到"sin"之后，即记作$\sin^2\frac{\theta}{2}$。这种公认的特殊符号至少清楚地表明，平方的是正弦值，而不是其中的角度。这种做法已有三个多世纪的历史，威廉·琼斯（William Jones）早在1710年就采用了这种做法。

逆过来：反三角函数

如果三角学是一座从已知角度到已知长度的桥梁，那么应该可以从相反的方向穿过这座桥。通常情况下，你掌握了某些长度的信息，并且想要找到一个角度。例如，假设你需要找到太阳的高度角，这是确定一天中的时间或导航的重要数据。若碰巧手边没有六分仪，你可以使用日晷，或者在地面上放置一根垂直的木棍（图11）。你知道晷影高80厘米，影子长115厘米。这时，太阳的高度角是多少?

在对应的三角形中，对边为80厘米，邻边为115厘米，因此

$$\tan\theta = \frac{80}{115}。$$

从这里开始，我们似乎陷入了困境。我们可以猜测θ的许多不同的值，以尝试找到正切值接近$\frac{80}{115}$的角度，但这种方法似乎效率不高。相反，我们的计算器内置了一个反转正切的过程。要求反正切值，输入$\frac{80}{115}$并使用标有"$\tan^{-1}$"（有时为 $\boxed{\text{INV}}$ $\boxed{\text{TAN}}$ ）的按钮，计算器会给出太阳的高度角：

$$\theta = \tan^{-1}\left(\frac{80}{115}\right) = 34.82°。$$

计算器再次为我们施展了"魔法"。我们将在第五章再次解释这个"魔法"。

最后，让我们看一个具有历史和现代意义的例子。想象一下你在山顶上，或者在飞机的驾驶舱内。当你俯瞰地平

线时，由于地球具有曲率，你会看到略低于"水平线"的位置。如果你知道距地球表面有多高，你能算出这个倾角吗？这个问题早在公元10世纪就已被巴格达数学家阿布·萨赫尔·库希（Abū Sahl al-Kūhī）思考过，并在大约两个世纪后由伊朗科学家伊本·叶哈亚·萨马乌尔·马格里比（Ibn Yahyā al-Samaw'al al-Maghribī）在其《揭露天文学家的数学错误》（*Exposure of the Errors of the Astronomers*）一书中转化为计算。

马格里比在计算中假设地球半径为12 982 000肘尺（约6 000千米）。他在计算中采用了一座非常小的山，山高 $EH = 1$ 肘尺（大约半米），如图17所示。当然在现实中，我们会有一座更高的山，或者希望有一架飞得更高的飞机。我们从高处往下看地平线 D。从球心 Z 到地平线 D 点画半径，形成直角三角形 ZDH。然后我们可以找到三角形的另一条边：

$$HD = \sqrt{ZH^2 - DZ^2} = \sqrt{12\,982\,001^2 - 12\,982\,000^2} = 5.095 \text{肘尺}。$$

我们可以使用新的反三角函数求出 Z 处的角度：

$$\angle DZH = \alpha = \sin^{-1}\left(\frac{DH}{HZ}\right) = \sin^{-1}\left(\frac{5.095}{12\,982\,001}\right) = 0.022\,488\,8°。$$

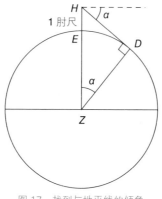

图 17　找到与地平线的倾角

但 α 和倾角都与 ∠ZHD 互补，因此 α 就是倾角！（我们在这里简化了数学。有关完整的故事和对马格里比认为他正在纠正的"错误"的说明，可参见相关阅读材料）

我们已经看到，三角函数的表示符号可能会令人困惑，而且它并没有随着反三角函数的出现而结束。回想我们曾选择将（$\sin x$）^{2} 写为 $\sin^2 x$。那么 x 的反正弦是用 $\sin^{-1} x$ 还是用（$\sin x$）$^{-1}$（通常表示为 $1/\sin x$）？这是一场历史悠久的争论。英国天文学家约翰·赫歇尔（John Herschel）于1813年引入了反正弦符号"$\sin^{-1}$"，这与将函数 f 的反函数写为 f^{-1} 的做法一致。19世纪，人们尝试了其他各种符号，例如 $\sin^{[-1]}$

和$\overline{\sin}$。还曾用过更笨拙的符号"arcsin"，意味着与给定正弦相对应的弧。即使在几十年前，"arcsin"仍然很常见。偶尔我们仍然可以找到使用它的计算器。但今天，$\sin^{-1}$与f^{-1}表示法的一致性似乎已经占了上风。

三角函数的图形

作为本章的总结，让我们从不同的角度来看看三角函数。截至目前，我们一直将正弦、余弦和其他函数视为几何量：三角形中线段之间的比率。但我们也可以将正弦视为一个函数：即给定任意值x，令$y = \sin x$。如果我们画出这个函数的图形，我们就会得到如图18所示的波浪图像，表示正弦随着角度的增加而上升和下降。

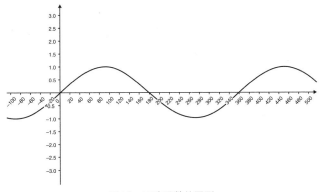

图18　正弦函数的图形

图19显示了余弦函数和正切函数的图形及正弦函数的图形。请注意，余弦函数图形只是将正弦函数图形向左移动90°。换句话说，

$$\cos \theta = \sin(\theta + 90°)。$$

这种思维方式与本章前面内容的思维方式非常不同。通过将 y 视为 x 的函数，我们几乎忘记了 x 代表角度，而 y 是直角三角形中的边比。我们几乎可以说正弦是波浪形曲线。这样的想法是一个危险的误解。波浪形曲线仅代表角度变化时的正弦值；正弦的过去、现在和将来都是三角形中的边比。

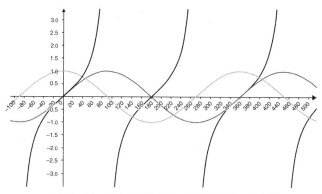

图 19　同一图上的正弦函数、余弦函数和正切函数

即便如此，这样的思考还是有好处的。许多现象表现出以类似于正弦波的周期性变化规律。例如，各种数学教科书都讨论过加拿大雷丁岛上的麋鹿数量。假设麋鹿的平均数量为500只，但全年在450只到550只之间波动。我们可以使用正弦波来模拟这种波动，并预测一年中特定时间的麋鹿数量。我们从 $y = \sin t$ 开始，其中 t 是自三月份产犊季节以来的月数。现在，正弦图每360°重复一次循环，但我们希望每12个月重复一次循环，因此我们将方程更改为 $y = \sin\left(\dfrac{360}{12}t\right) = \sin 30t$。该图的平均值为零，但我们希望总体的平均值为500，因此我们添加500：$y = 500 + \sin(30t)$。最后，该图在平均值之上和之下波动1只麋鹿。但我们希望它波动50只麋鹿，因此我们将波动项乘以50。最后我们得到了麋鹿种群的模型（图20）：

$$y = 500 + 50\sin(30t)。$$

我们可以利用这个方程来预测任意时刻的麋鹿数量。例如，五月（三月后的两个月），麋鹿种群的数量将为 $y = 500 + 50\sin(30 \times 2) = 543.3$ 只。

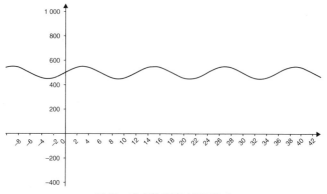

图 20　麋鹿数量随时间而波动

　　忽略0.3只麋鹿可能不会有什么问题，但仍然存在一些其他问题。我们没有数据表明麋鹿的数量是按照正弦函数的升降方式变化的。显然，在这个浪漫的夜晚，麋鹿在考虑是否繁殖时并没有考虑三角形的边比。但是，有另外的证据和更复杂的方法来使用正弦函数表示更复杂振荡的构建块（其中一些内容我们将在第五章中介绍），这种方法将变得非常强大。

　　下面的解析几何的例子体现了学生非常熟悉的数学风格。哲学家勒内·笛卡儿（René Descartes）因"我思故我在"而闻名，并发明了笛卡儿坐标（x轴和y轴），人们通常认为它始于17世纪初。就像数学史上的许多故事一样，这在精神上看部分是正确的，但在细节上看部分是错误的。笛卡儿并没有明确建立我们今天所认为的坐标系，其他人同时也在以类似的方式进行工作。例如，法国数学家吉尔斯·德·罗伯瓦尔（Gilles de Roberval，1602—1675）就以这种方式思考摆线形曲线，这是17世纪数学家最喜欢的曲线之一。想象一下，一只苍蝇落在轮子AB的点A上（图21），然后轮子开始向右滚动。如果我们设置AC等于圆周长的一半，那么苍蝇将到达右侧的最高点D，就像轮子上的点B到达地面的点C一样。苍蝇走过的路径（实线AED）是摆线。

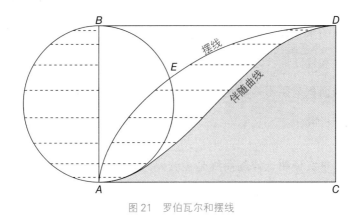

图 21 罗伯瓦尔和摆线

罗伯瓦尔对摆线下方的区域很感兴趣。了解微积分的学生可能会认为这是一个积分问题，但罗伯瓦尔所处的时代，微积分仍在逐渐形成。罗伯瓦尔的论证并不完全使用微积分语言，但却具有其前辈的风格。若 r 是圆的半径，则矩形 $ABDC$ 的面积为 $AB \cdot AC = 2r\left(\dfrac{1}{2} \cdot 2\pi r\right)$，因为圆 AEB 的右半部分沿着 AC 滚动。所以矩形的面积是 $2\pi r^2$，即虚线半圆的四倍。现在，请注意该半圆是由水平线组成的。复制每条水平线并将其向右滑动，使其左边缘接触摆线。这些线的右边缘形成了罗伯瓦尔所说的"伴随曲线"。

伴随曲线将矩形切成两个面积相等的部分，因此图21中阴影面积是半圆面积的两倍。但是两个虚线区域都具有完全相同的水平横截面，因此它们的面积也必须完全相同。所以摆线和伴随曲线之间的面积等于一个半圆的面积。因此，将虚线面积与阴影面积相加，摆线下方的面积恰好等于半圆面积的三倍。

事实证明，伴随曲线是正弦波的一部分——这是它第一次被绘制。这太奇妙了！

第三章
徒手构建正弦表

　　科学技术已经渗透到我们现代生活的方方面面，并几乎在一夜之间就变得司空见惯。我们只需按一下拇指，智能手机就能通过看似空旷的空间检索来自世界任何角落的信号。它使用内置计算机处理这些信息，其处理能力比任何用于装满整个房间的原始机器都要强大数千倍。通过这个奇迹，我们可以查看在地球另一端正在举行的足球比赛中是否有人在过去一分钟内进了球。几年前，这项技术是一个奇迹。现在它已经很平常了，我们不会再去想它。

　　这些最古老的奇迹之一是我们在第二章中用来求正弦、余弦和正切值的那组按钮，它隐藏在智能手机中计算器应用程序的不太起眼的功能中。当我们计算出足球场的距离或塔的高度时，我们可能没有注意到其中隐藏的奥秘。计算器如何轻松地算出 sin 33° = 0.544 6？计算器内部并没有绘制直角三角形，那么这个数字是从哪里来的呢？

　　这个跨越两千年的故事为我们提供了重新审视三角学中遇到的一些最常见主题的动机。就像任何好故事一样，其中总会出现一个重大转折。回想一下公元前2世纪的希腊天文学家罗德岛的喜帕恰斯。他发现了一种计算地球绕太阳的轨道偏心率的方法，这种方法依赖于将弧度或角度转换为圆内的长度。他通过构建一个圆的弦长表来实现这一目标，该弦长表现已失传（尽管有些人试图重建它）。我们将遵循喜帕恰斯可能采取的步骤来构建这个弦长表，尽管我们将使用现代正弦而不是喜帕恰斯的弦。

　　首先我们需要做一些准备工作。在图22（a）中，假设我们正在观看太阳从东方升起，越过头顶后在西方落下。（通常太阳会以一定的角度升起，但我们假设是在春分点，位于地球赤道。）该圆的半径为一个天文单位。那么太阳距地面的高度等于其仰角 θ 的正弦。日出时，$\theta = 0$，太阳根本不在地面之上，因此 $\sin 0° = 0$。随着太阳在天空中越来越高，它的高度也逐渐增加。正午时，$\theta = 90°$，我们正上方的太阳距离地面的高度是一个天文单位。因此，$\sin 90° = 1$。我们将这些条目插入表中，如图22（b）所示，还剩下89个条目尚未找到：
sin 1°、sin 2°、…、sin 89°。

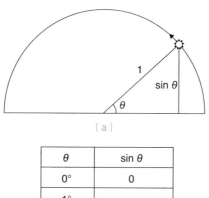

（a）

θ	sin θ
0°	0
1°	
⋮	⋮
89°	
90°	1

（b）

图 22　正弦表的开始

　　上述正弦表中的某些正弦比其他正弦更容易确定。我
们像历史上的天文学家一样开始在单位圆中嵌入各种正多边
形。在图23中，我们使用正六边形，将其分为六个三角形。
圆心的角各为60°，并且由于三角形都是等边三角形，因此它
们的所有边长均为1个单位。如果将最右边的等边三角形切成

两半，我们就会得到图中的粗体直角三角形，其左角的角度
为30°，斜边为1个单位，而对边长正是 $\frac{1}{2}$ 。因此 $\sin 30° = \frac{1}{2}$ ，我们在正弦表中添加了一个新条目。

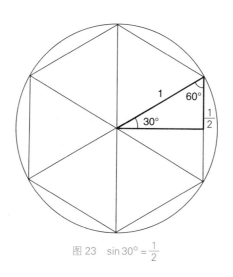

图 23　$\sin 30° = \frac{1}{2}$

如果我们在圆中嵌入一个正方形而不是六边形
（图24），我们就可以求出 $\sin 45°$ 。在粗体三角形中，斜边
的长度为1，另外两条边的长度等于 $\sin 45°$ ，记为 x 。根据毕
达哥拉斯定理，我们有 $x^2 + x^2 = 1$ ，故 $x = \sqrt{\frac{1}{2}} = 0.707\ 1$ 。我
们的表格又多了一个条目！接下来，用毕达哥拉斯定理，

我们还可以得到另一个正弦值。回到图23，考虑一下粗体直角三角形的右上角，其值为60°。已知斜边是1，垂直边是 $\sin 30° = 0.5$。该直角三角形的底边是60°角的对边，因此有

$$\sin 60° = \sqrt{1^2 - 0.5^2} = \sqrt{3}/2 = 0.866\,0。$$

这些是常见的正弦值。

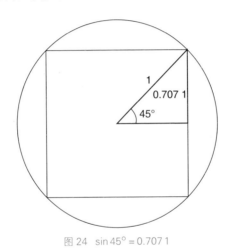

图 24 $\sin 45° = 0.707\,1$

寻找更有效的工作方法：古代天文学与现代计算机图形学的结合

我们现在已有0°、30°、45°、60°和90°的正弦值。如何求其他的正弦值？

如果要通过一次次找到其他86个正弦值来完成我们的表格，那么这本书将不再简短。幸好还有更好的方法。若有一个公式，可以让我们将任意两个给定角度的正弦值作为输入，并返回这两个角度之和的正弦值，则我们可以立即使用它来求 sin 75°，因为30° + 45° = 75°。我们也可以用它来求出其他的正弦值。这似乎比一次求一个的方法更有成效。

在图25的左下角，角度 α 和 β 组合在一起形成较大的角度 $\alpha + \beta$。我们将 OA 的长度设置为1，这样 AE 就等于我们要求的量 $\sin(\alpha + \beta)$。从图25中另外绘制的线可以看出，AE 可以分为两部分：AD 和 DE。我们分别求出这两部分的长度。首先，请注意直角三角形 OAB 的斜边等于1，因此 $AB = \sin\beta$ 且 $OB = \cos\beta$。在直角三角形 OBC 中，$\sin\alpha = \dfrac{BC}{OB} = \dfrac{BC}{\cos\beta}$，故 $BC = \sin\alpha\cos\beta$，但 $BC = DE$，我们知道了 AE 的两部分之一的长度。下面考虑直角三角形 DAB。在该三角形中，$\angle DAB = \alpha$（想想为什么），故有 $\cos\alpha = \dfrac{AD}{AB} = \dfrac{AD}{\sin\beta}$，由此可知 $AD = \cos\alpha\sin\beta$。进而，我们有如下的恒等式：

正弦角求和公式：$\sin(\alpha + \beta) = \sin\alpha\cos\beta + \cos\alpha\sin\beta$。

用类似的方法可以得到其他三个密切相关的恒等式：

余弦角求和公式：$\cos(\alpha + \beta) = \cos\alpha\cos\beta - \sin\alpha\sin\beta$；

正弦角差公式：$\sin(\alpha - \beta) = \sin\alpha\cos\beta - \cos\alpha\sin\beta$；

余弦角差公式：$\cos(\alpha - \beta) = \cos\alpha\cos\beta + \sin\alpha\sin\beta$。

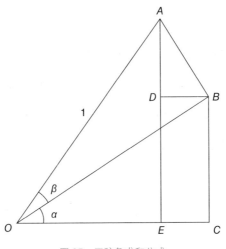

图 25　正弦角求和公式

这些公式中的对称性匪夷所思。尽管以有些不同的形式出现（回想一下古希腊天文学家使用的是和弦，而不是正弦和余弦），它们至少可以追溯到克劳迪厄斯·托勒密（Claudius Ptolemaeus）的《天文学大成》（*Almagest*）（公元140年）。他在《天文学大成》中使用它们，就像我们在这里使用它们一样——建立一个三角函数表。

用比较现代的方法处理正弦和余弦的和角公式

对于了解一点线性代数的读者来说，可以使用另一种方式，即有关计算机图形学的数学来得到这些公式。以图26中猫的近乎真实的图像为例，它由直线连接的顶点的集合构成，x 轴和 y 轴在图像中心相交。为使显得呆板的PowerPoint演示文稿生动起来，我想让猫在屏幕上旋转以吸引观众的注意力。我需要将每个顶点旋转一个可能的角度 θ，计算所有旋转点的坐标，并用直线连接新点。

要得到旋转的矩阵变换，需要知道变换对向量 $i = \begin{bmatrix} 1 \\ 0 \end{bmatrix}$ 和 $j = \begin{bmatrix} 0 \\ 1 \end{bmatrix}$ 的作用。我们可以在图27的单位圆中看到这种效果：旋转 θ 角度后，i 变为 $\begin{bmatrix} \cos\theta \\ \sin\theta \end{bmatrix}$，$j$ 变为 $\begin{bmatrix} -\sin\theta \\ \cos\theta \end{bmatrix}$。完成这个任务的矩阵是

$$\begin{bmatrix} \cos\theta & -\sin\theta \\ \sin\theta & \cos\theta \end{bmatrix}$$

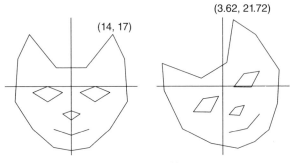

图 26 将猫逆时针旋转 30°

将猫逆时针旋转30°，每一点的新坐标可由变换矩阵左乘以原坐标而得。例如，猫右耳尖端处的原坐标为(14，17)，移动后新坐标为

$$\begin{bmatrix} \cos 30° & -\sin 30° \\ \sin 30° & \cos 30° \end{bmatrix} \begin{bmatrix} 14 \\ 17 \end{bmatrix} = \begin{bmatrix} 3.62 \\ 21.72 \end{bmatrix}$$

这与正弦角和差定律有什么关系？我们知道，旋转 $\alpha + \beta$ 角度的变换矩阵是

$$\begin{bmatrix} \cos(\alpha + \beta) & -\sin(\alpha + \beta) \\ \sin(\alpha + \beta) & \cos(\alpha + \beta) \end{bmatrix}$$

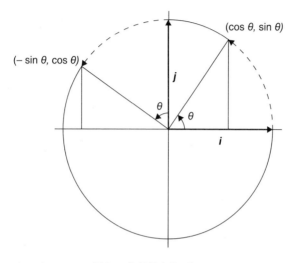

图 27　旋转基向量 i 和 j

　　但我们也可以将其视为先旋转角度 α，再旋转角度 β 的合成结果。这样对应的矩阵是

$$\begin{bmatrix} \cos \beta & -\sin \beta \\ \sin \beta & \cos \beta \end{bmatrix} \cdot \begin{bmatrix} \cos\alpha & -\sin\alpha \\ \sin\alpha & \cos\alpha \end{bmatrix} =$$

$$\begin{bmatrix} \cos\alpha \cos \beta - \sin\alpha \sin \beta & -\sin\alpha \cos \beta - \cos\alpha \sin \beta \\ \sin\alpha \cos \beta + \cos\alpha \sin \beta & \cos\alpha \cos \beta - \sin\alpha \sin \beta \end{bmatrix}。$$

就像变魔术一样，我们在对应矩阵的左上角找到了余弦和角公式，在对应矩阵的左下角找到了正弦和角公式。

　　现在我们可以用来之不易的公式来生成更多的正弦值

了。这也是我们努力获得它们的原因。由于 $30° + 45° = 75°$，故

$$\sin 75° = \sin 30° \cos 45° + \cos 30° \sin 45°$$

$$= \sin 30° \sin 45° + \sin 60° \sin 45°$$

$$= 0.5 \times 0.707\,1 + 0.866\,0 \times 0.707\,1$$

$$= 0.965\,9。$$

使用正弦差角定律，我们可以求出 $\sin 15°$：

$$\sin 15° = \sin(45° - 30°)$$

$$= \sin 45° \cos 30° - \cos 45° \sin 30°$$

$$= 0.258\,8。$$

现在，我们有了一个虽小但令人满意的 $15°$ 倍数的正弦表（图28）。近一千年以来，这张小表格一直是三角学的一部分。它首先出现在公元7世纪印度天文学家梵天笈多（Brahmagupta）的著作中。他的表格看起来不太像我们的表格。他使用的不是我们所用的单位圆，而是半径为150的圆。此外，他的表格不是按行和列显示的，而是通过更容易被记住的诗句来传播的；印度天文学的大部分内容都是通过

口头传播的。15°倍数的正弦表流传甚广。它通过中东传入西
班牙，再从西班牙传入中世纪的欧洲。15°的增量被称为卡
达贾（kardajas），源自波斯语，意为"一截"。其中一个
卡达贾表的最后一次出现是在德国天文学家雷吉奥蒙塔努斯
（Regiomontanus，1436—1476）的作品中，如图28所示。雷
吉奥蒙塔努斯的表比我们的卡达贾表更精确一些，是按照他
计算出的数值顺序排列的，而不是按照弧的升序排列给出。
他没有使用单位圆，而是使用了半径为600 000 000的圆。
这使得他无须使用小数即可准确计算，而当时还没有使用
小数。

θ	$\sin \theta$
0°	0
15°	0.258 8
30°	0.5
45°	0.707 1
60°	0.866 0
75°	0.965 9
90°	1

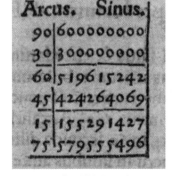

（a）我们计算出的卡达贾正弦表　　（b）雷吉奥蒙塔努斯的表

图28

即将迎来金点子

我们现在陷入了困境。由于我们现在表中的所有角度都是15°的倍数，因此将它们相互加或减不会生成任何新的正弦值。我们需要一个新想法。

这个想法将被证明是金点子。回想一下，我们一开始是通过正方形和正六边形来寻找正弦值的。之前我们跳过了正五边形，现在我们转向它。在图29中，正五边形的边长等于1。在正五边形中画对角线AC和AD，就得到了阴影三角形ACD。该三角形被称为黄金三角形。下面将看到它与黄金分割比例有关。取$\angle ACD$的角平分线CF，交AD于F，则CF就将黄金三角形分解为一个较大的等腰三角形AFC和一个较小的等腰三角形CDF（称为小黄金三角形），后者与黄金三角形相似，其中各角的角度如图29所示。

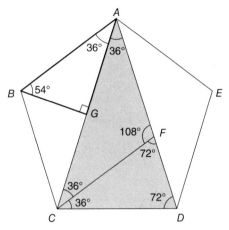

图 29　利用正五边形和黄金比例求出 sin 36° 和 sin 54°

　　下面求出黄金三角形 ACD 的边长。它的底边长为 1，另外两条边长记为 $\varphi = AC = AD$。在三角形 CDF 中，两条长边 CD 和 CF 的边长都是 1。我们可以按如下方式巧妙地找到短边 DF 的长度。三角形 AFC 和三角形 CDF 都是等腰三角形，所以 $AF = CF = 1$，故 $DF = \varphi - 1$。由于两个黄金三角形相似，所以它们对应边的比一定相等。因此，

$$\frac{\varphi}{1} = \frac{1}{\varphi - 1} \text{。}$$

交叉相乘，我们得到二次方程 $\varphi^2 - \varphi = 1$，它的解是所有数学中最引人注目的数字之一，即黄金比例：

$$\varphi = \frac{-1+\sqrt{5}}{2} = 1.618\,03\cdots$$

这个数字有何惊人之处？首先，它出现在数学、自然现象、艺术作品和建筑等众多领域中。我们可以在五角大楼中看到它。如果我们用大的黄金三角形填充它以形成五角星形（图30），那么五角星形内的许多线段对就形成了黄金比例。

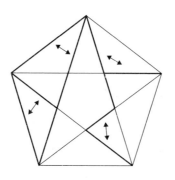

图30 五角星形中黄金比例的例子

（每个箭头指的是它们所指向的粗体线段的整个长度）

φ不仅仅存在于几何学中，它也存在于算术中。斐波那契数列是通过将序列中的前两个数字相加得到下一个数字而生成的：

　　1，1，2，3，5，8，13，21，34，55，89，…
随着你走得越来越远，你会发现该序列中每个数字与前一个
数字的比率越来越接近φ。

　　我们在自然界中也发现了φ。计算松果两个不同方向的鳞
片数（图31）：沿一个方向数下来，你会得到斐波那契数列
中的一个数字；沿下一个方向数下来，你将得到斐波那契数
列中的下一个数字。自然生长模式似乎经常采用黄金比例，
尽管具体的说法可能存在争议：有些人比其他人看到得更
多。在绘画、雕塑、建筑设计甚至音乐作品中使用黄金比例
的美学优势也同样引发热议。

　　我们似乎再次偏离了构造正弦值的主题。但令人惊讶的
是，我们其实又回到了正弦值的主题。考虑图29左侧的粗体
直角三角形，其B角为54°。由于其斜边为1，因此有

$$\sin 54° = AG = \frac{AC}{2} = \frac{\varphi}{2} = 0.8090；$$

在同一个三角形上使用毕达哥拉斯定理，可知

$$\sin 36° = \sqrt{1 - (\varphi/2)^2} = 0.5878。$$

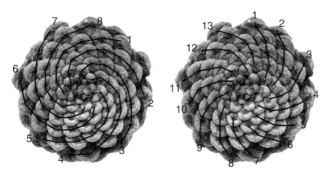

图 31　计算松果两个不同方向的鳞片数

因此，黄金比例嵌入在每个正弦表中。更巧的是，这两个新的正弦值解锁了一系列其他正弦值。从30°到36°，正弦差值公式告诉我们：

$$\sin 6° = \sin(36° - 30°) = \sin 36° \cos 30° - \cos 36° \sin 30°$$

$$= 0.104\,5。$$

从$\sin 6°$开始，我们可以重复应用正弦角和公式来计算所有6°倍数的正弦，并利用42°和45°及正弦差值公式得到$\sin 3° = 0.052\,34$。但下面的另一种方法可以为我们带来额外的收获。显然3°是6°的一半。通过使用余弦和角公式很容易找到一个正弦半角公式。用$\dfrac{\theta}{2}$代替α和β，

$$\cos \theta = \cos\left(\frac{\theta}{2} + \frac{\theta}{2}\right) = \cos\frac{\theta}{2}\cos\frac{\theta}{2} - \sin\frac{\theta}{2}\sin\frac{\theta}{2}$$

$$= \cos^2\frac{\theta}{2} - \sin^2\frac{\theta}{2} \, 。$$

但 $\cos^2\frac{\theta}{2} = 1 - \sin^2\frac{\theta}{2}$ ，所以整个右边等于 $1 - 2\sin^2\frac{\theta}{2}$ 。求解 $\sin\frac{\theta}{2}$ 的方程，即有正弦半角公式：

$$\sin\frac{\theta}{2} = \sqrt{\frac{1-\cos\theta}{2}} \, 。$$

通过这个公式，我们可以解决第二章中的一个遗留问题。重新整理这个方程，我们发现 $1 - \cos\theta = 2\sin^2\theta$ 。但 $1 - \cos\theta$ 是正矢值，从而证实了正矢值始终为正值。

从 $\sin 6°$ 开始，我们可以多次应用这个公式，得到 $\sin 3° = 0.052\,34$ ， $\sin\frac{3°}{2} = 0.026\,18$ ， $\sin\frac{3°}{4} = 0.013\,09$ ，等等。我们可以将其应用到任意其他角度的正弦值求解。例如，从 $36°$ 开始，利用半角公式可知 $\sin 18° = 0.309\,0$ 。下面，让我们以另一种令人惊讶的方式找到 $\sin 18°$ 的值，以华丽的方式结束本节内容。

许多人听说过亚历山大的欧几里得这个名字，尽管也许没有多少人知道他是谁。他是公元前3世纪最伟大的数学教科书《几何原本》的作者。在这本书中，欧几里得将他的前辈的知识汇编成一个单一的形式逻辑结构，甚至在两千多年后的今天，仍为如何构思和呈现数学确立了标准。在《几何原本》的十三卷（章节）的最后一卷中，欧几里得描述了三维几何（图32）。这肯定是一个非常新的主题，因为仅在一个世纪前，柏拉图还绝望地认为，人们对几何所知甚少。

图32 摘自亨利·比林斯利（Henry Billingsley）所著的《欧几里得原本》的第一个英译本，以三维几何书中有弹出性图表

在准备处理四面体、立方体和十二面体等三维多面体时，欧几里得证明了关于圆内接正多边形的几个令人震惊的事实。首先，正六边形的边长和正十边形的边长之比恰好等于黄金比例φ。他还发现，如果我们将正五边形、正六边形和正十边形的边放在一起，它们将形成一个完美的直角三角形（图33）。在单位圆中，正五边形的边长为 $2\sin 36°$，正六边形的边长为 $2\sin 30°$，正十边形的边长为 $2\sin 18°$。因此

$$(2\sin 36°)^2 = (2\sin 30°)^2 + (2\sin 18°)^2,$$

由此我们得出 $\sin 18° = 0.309\,0$。

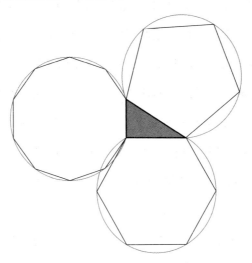

图33 内接于相同大小的圆中的正五边形、正六边形和
正十边形的边形成直角三角形

改变我们的立场，从几何到代数

现在我们有了3°角的倍数的正弦值。但正如我们完成15°角的倍数的正弦值填充后的情形，我们现在无法再用和角、半角等公式填写任何其他条目。我们不应该立即失去希望。既然三角恒等式以前能带我们越过卡达贾障碍，为什么这次不能呢？

不幸的是，一个人不可能总是拥有自己想要的东西。古希腊几何学家仅使用他们可以使用的基本工具（直尺和圆规）即可完成非凡的壮举。然而，仅使用这些工具，不足以使他们完成三个最简单的任务。第一个是构造一个与给定圆面积相同的正方形（图34）。这个问题直到1882年才最终被费迪南德·冯·林德曼（Ferdinand von Lindermann）证明是不可能的。"化圆为方"这句话已经进入流行文化的某些部分，意思是尝试一项无望的事业。皮埃尔·旺策尔（Pierre Wantzel）在1837年证明，建造一个体积恰好是给定立方体两倍的立方体是不可能的。（简单地将原始立方体的边加倍是不行的。你的新立方体的体积将是原来立方体体积的八倍，而不是两倍。）

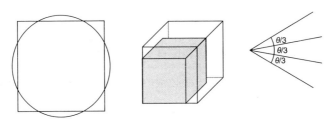

图34 希腊三大经典问题：化圆为方，加倍立方体，三等分角

第三个问题看似简单：给定一个角度，将其分成三等份。欧几里得在《几何原本》的465个命题的第9个命题中已经展示了如何平分角，但他对如何三等分角却未提及。1837年，旺策尔最终在一篇文章中证明了这是不可能的，并讨论了将立方加倍的问题。现代抽象代数中新概念的出现解决了这三个例子中的谜团。在此之前，人们普遍认为这些问题无法解决，但这并没有阻止人们进行尝试，即使是在当今仍旧如此。

我们已经构造了一个3°的角度并计算了它的正弦值，在此我们将其保留了几位小数：0.052 335 956 2。要用几何从该值降低到sin 1°，需要将3°的角三等分。现在，我们已经能够对一些角度进行三等分了。例如，我们知道sin 45°和sin 15°。

但我们无法将每个角度三等分，3°的角就是这样的角度
之一。

具有几何思维的古代和中世纪的天文学家别无选择：如
果他们想要一个正弦表，就必须改变思考问题的方式。许多
人找到了一些方法来捕获彼此非常接近的上限和下限之间难
以接近的正弦。这种努力的最早记录出现在克劳迪厄斯·托
勒密的《天文学大成》中——在同一本书中，正弦角和与差
定律的等价物首次出现。下面我们将看到，托勒密的方法效
果显著。

前面我们已经注意到$\sin\frac{3°}{2}=0.026\,182$似乎是$\sin\frac{3°}{4}=0.013\,094$
的两倍。这并不完全正确，这可以从它们更精确的值
$0.026\,176\,9$和$0.013\,089\,6$中看到。可以用图35来解释这一点。
假设单位圆中有两个小角度α和β，它们的正弦是两条虚线。
若α是β的两倍，则$\sin\alpha$将大于$\sin\beta$。但它不会是原来的两
倍，因为从B移动到C时，正弦的增加略小于从A移动到B时
正弦的增加。换句话说，若$\alpha>\beta$，则

$$\frac{\alpha}{\beta}>\frac{\sin\alpha}{\sin\beta}。$$

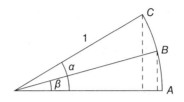

图 35 小角度正弦之间的比率

现在我们从解释转向应用。代入 $\alpha = \dfrac{3°}{2}$，$\beta = 1°$，然后代入 $\alpha = 1°$，$\beta = \dfrac{3°}{4}$。在这两种情况下求解 $\sin 1°$，可得：

$$0.017\,451\,3 = \frac{2}{3}\sin\frac{3°}{2} < \sin 1° < \frac{4}{3}\sin\frac{3°}{4} = 0.017\,452\,8。$$

这些界限彼此非常接近，因此我们可以确信 $\sin 1° \approx 0.017\,452$。使用这个值，我们可以继续计算正弦表中的其余条目，并且放心，这些条目应该或多或少可靠到小数点后五位。

但如果我们想要更多怎么办？

我们可能会尝试重新审视正弦半角公式的方法，其中我们将 $\cos\theta$ 写为 $\cos\left(\dfrac{\theta}{2} + \dfrac{\theta}{2}\right)$ 并使用余弦和角定律进行扩展。如果幸运，我们也许能够以类似的方式推导出正弦三分之一角公式。按如下方式进行：将正弦和角定律应用到 $\sin\theta = \sin\left(\dfrac{\theta}{3} + \dfrac{\theta}{3} + \dfrac{\theta}{3}\right)$。经过一些代数运算后，可得：

$$\sin\theta = 3\sin\dfrac{\theta}{3} - 4\sin^3\dfrac{\theta}{3},$$

从而 $\sin 3° = 3\sin 1° - 4\sin^3 1°$。$\sin 3°$ 是已知的值，这让我们感觉非常接近 $\sin 1°$ 了。但现在我们遇到了麻烦：这是一个三次方程。我们可能在学校里解过一元二次方程，但如果你也能解一元三次方程，像你这样的学生确实少见。

当有人第一次尝试使用我们的公式来求解 $\sin 1°$ 时，三次方程距离能被任何人求解还差一个多世纪。在15世纪早期，帖木儿帝国撒马尔罕统治者兀鲁伯·伯格似乎对管理天文观测站和研究所与管理他的帝国同样感兴趣。贾姆希德·阿尔·卡西是有史以来最有计算天赋的科学家之一。卡西在1429年想出了一种巧妙的方法，可以使用三次方程求出 $\sin 1°$，精确度达到了人们想要的精度。他的几位同事和继任者扩展了他的工作，发现了他的方法的变体。我们下面看到的是兀鲁伯·伯格的工作。

设 $x = \sin 1°$，则有三次方程

$$0.052\,335\,956\,2 = 3x - 4x^3 \text{。}$$

虽然我们无法解出 x，但由上述方程可知

$$x = \frac{0.052\,335\,956\,2 + 4x^3}{3} \text{。}$$

我们可以猜测 x 大约在 $\frac{1}{3}\sin 3° = 0.017\,445\,318\,7$ 附近，这很接近，但还不够接近。让我们看一下这种情况的图形。将上述方程两边均视为 x 的函数，即 $y = x$ 和 $y = \frac{0.052\,335\,956\,2 + 4x^3}{3}$。将这两个函数绘制在图 36 中（未按比例），它们在我们正在寻找的 x 值处交叉。从图 36 中可以看出，我们猜测的值 $0.017\,445\,318\,7$ 比实际小了，可以通过计算来确认这一点：

$$\frac{0.052\,335\,956\,2 + 4 \times (0.017\,445\,318\,7)^3}{3} = 0.017\,452\,397\,8 \text{，}$$

它的确比 $0.017\,445\,318\,7$ 稍大一些。

受到卡西的启发，兀鲁伯·伯格采取了一个聪明的算法。我们刚刚得到的值 $0.017\,452\,397\,8$ 就是图 36 中原始 $x = 0.017\,445\,318\,7$ 对应的 y 值（或者说曲线的高度）。将这个 y 值反映在 $y = x$ 这条线上，从而将其转换为新的 x 值（用粗体箭头表示）。由于图 36 中的曲线具有平缓的斜率，因此新的 x 值将更加接近所需的交点。

重复这个过程，我们将新的估计值重新插入到曲线方程中，得到：

$$\frac{0.052\,335\,956\,2 + 4 \times (0.017\,452\,397\,8)^3}{3} = 0.017\,452\,406\,4,$$

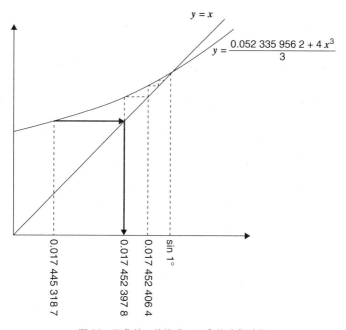

图 36　兀鲁伯·伯格求 sin 1° 的迭代过程

我们再次靠近了一点。再次重复：

$$\frac{0.052\,335\,956\,2 + 4 \times (0.017\,452\,406\,4)^3}{3} = 0.017\,452\,406\,4。$$

我们一直保留小数点后十位，这个新的结果与之前的相同。事实上，这就是有小数点后十位的sin 1°的值。

　　这个过程是定点迭代的一个例子。定点迭代是数值分析师最早用来近似无法直接求解的方程的解的方法之一。这种方法在古希腊就已经被用来求平方根，在印度也被用来解决复杂的天文问题。希腊人、印度人或兀鲁伯·伯格都不会像我们在这里所做的那样想象出两条曲线的交点。甚至图表概念的出现也是很晚（17世纪）的事。这使得他们的成就（可能仅使用数字直觉即可实现）更加令人惊叹。

超越三角公式

　　现在我们对sin 1°有了非常好的估计，我们可以使用正弦和角与差角定律来填充正弦表的其余部分。但随着对精度需求的增加，参数间隔为1°的正弦表很快就不够用了：这些条目之间的差值引起的误差太大了。在16世纪的欧洲，正弦表开始以10′（十分，或六十分之一度）甚至1′为增量构建。格奥尔格·雷蒂库斯（Georg Rheticus）和瓦伦丁·奥索（Valentin Otho）在1596年的《铂金作品》（*Opus palatinum*）将这一点发挥到了极致，每10″（十分之三千六百度）弧就有一个条目！快速浏览一下雷蒂库斯和奥索的书，他们的项目的规模是显而易见的：这些表格几乎占满了750个非常大的页面，需要借助5台计算机满负荷工作12年才能完成。

我们想要从sin 1°中找到sin 1′的值，这将使我们能够将表格从1°增量减少到1′增量。利用三等分方法立即得到sin 20′；用半角公式给出sin 10′，然后给出sin 5′。和以前一样，现在我们又陷入了困境——除非我们能找到sin 5θ的公式。我们预计可能必须求解五次方程，但这对于大大改进的正弦表来说只是一个很小的代价。

弗朗索瓦·韦达（François Viète，1540—1603）的职业是律师，后来成为法国两位国王的枢密顾问，他生活在法国天主教徒和新教徒纷争的危险时期。尽管他在官方简介中是天主教徒，但他一生都在庇护和捍卫新教徒，并为自己的行为付出了政治代价。对数学的研究是他的副业。由于他很富有，他能够自行出版自己的研究成果。如今，他的名字与符号代数的发展联系在一起。符号代数是当今大多数数学的基础。韦达发表的第一部作品是天文学，当然还有三角学。

韦达的第一本出版物是他于1579年出版的《应用于三角学的数学定律》（*Canon mathematicus seu ad triangula*），这是早期布局最为精美的数学研究专著之一（图37）。它包括三角函数表（包括一个相当奇怪的三角函数表，它将所有正弦值都表示为分数），并使用了独特的速记符号，这预示了他后来在符号代数方面的工作。在这本书中，韦达巧妙地近似了 $\sin 1' = 0.000\,290\,882\,056$，这个值精确到除最后一位之外的所有小数位。然而，他的方法从托勒密开始一直沿用至今。

在韦达去世十多年后出版的著作《论方程的整理与修正》（*Ad angleium sectionum analyticen*）中，韦达基本上以与贾姆希德·阿尔·卡西和兀鲁伯·伯格相同的方式处理正弦值问题，但他走得更远。他首先确定了 $\sin n\theta$ 的递推关系：

$$\frac{\sin \theta}{\sin 2\theta} = \frac{\sin((n-1)\theta)}{\sin((n-2)\theta) \cdot \sin n\theta} \,。$$

这个奇特的公式蕴含着无穷的力量：如果你知道 $\sin 2\theta$ 和 $\sin 3\theta$ 的公式（现在我们已经知道了），你可以使用 $n = 4$ 求出 $\sin 4\theta$ 的公式，并由此求出 $\sin 5\theta$ 的公式。只要你喜欢，你可以一直求下去。他对余弦也做了类似的工作，推导出了直至

$\cos 21\theta$ 的公式。他的公式出现的形式与我们的不同。我们在此只展示其现代的等价物:

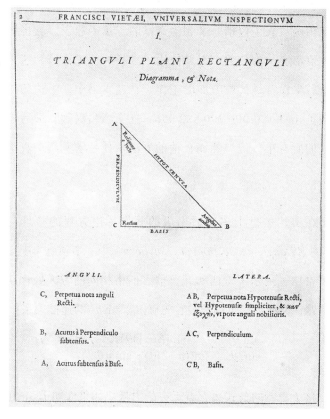

图 37　韦达的《应用于三角学的数学定律》所附文字的第一页（他在这里列出了直角三角形的各个部分）

正弦五倍角公式：$\sin 5\theta = 5\sin\theta - 20\sin^3\theta + 16\sin^5\theta$。

正如我们所猜测的，这实际上是一个五次方公式。尽管如此，它仍然可以使用类似于我们之前看到的三次方程解时的近似方法来求解。现在维埃特可以求出$\sin 1'$：从$\sin 18°$的值开始，应用五倍角公式，得出$\sin 3°36'$。根据$\sin 60°$的值和三倍角公式，可得$\sin 20°$；再次三等分得到$\sin 6°40'$，然后一分为二得到$\sin 3°20'$。将正弦差角定律应用到$3°36'$和$3°20'$，可得$\sin 16'$。最后，平分四次，即得$\sin 1'$。韦达在进行实际计算之前就去世了，但三十年后亨利·布里格斯（Henry Briggs）在他的巨大三角函数表《不列颠三角学》（*Trigonometria Britannica*）中实现了这一计算。以下是$\sin 21\theta$的公式：

$$\sin 21\theta = 21\sin\theta - 1450\sin^3\theta + 33\,264\sin^5\theta - 329\,472\sin^7\theta +$$
$$1\,793\,792\sin^9\theta - 5\,870\,592\sin^{11}\theta + 12\,042\,240\sin^{13}\theta -$$
$$15\,597\,568\sin^{15}\theta + 12\,386\,304\sin^{17}\theta - 5\,505\,024\sin^{19}\theta +$$
$$1\,048\,576\sin^{21}\theta$$

我承认，那只是为了好玩。

现在，我们已经完成了正弦表的计算，接下来的问题是如何计算余弦表或正切表。这些都很简单：余弦表只是向后读取的正弦表，我们可以通过将正弦除以余弦来创建正切表。

印度之旅

我们在本章中看到的方法并不是今天计算正弦的方法。我们将在第五章中看到这一点。它们也不是古代世界唯一的游戏。接下来我们转向印度。早在公元5世纪，天文学家就同一主题有着截然不同的思考。来自印度远东北部的阿耶波多（Āryabhata）设计了一种构建正弦表的方法，可以在几秒钟内将其编程到电子表格中，并且几乎可以立即近似无数正弦值。与当时印度的大多数著作一样，他的文本经过压缩以便于记忆——压缩程度如此之大，以至于人们不太清楚阿耶波多在想什么。几个世纪以来，人们一直在尝试做出解释，其中包括15世纪著名天文学家尼拉坎塔（Nīlakatha）。但这些超出了我们的范围。

阿耶波多的工作方式与我们不同。他没有使用我们的单位圆；相反，他使用了我们在第二章中看到的半径为

3 438个单位的印度圆（图38）。这个看似奇怪的选择并不
是随机做出的。我们把圆分成360°，每个度数为60′，所以
一个圆有21 600′。现在将圆视为具有21 600条边、每条边长
度为1的正多边形。由于周长为21 600个单位，因此半径为
21 600/2π ≈ 3 438个单位。选择此半径的一个优点是小圆弧的
正弦确实非常接近圆弧本身。例如，在一个半径为21 600/2π
的圆中，1′的正弦值为0.999 999 986。

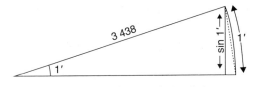

图38　阿耶波多三角圆中的一分弧

（虚线是21 600边正多边形中的一条边，是距离的单位。垂直线sin 1′的长度略
小于一个单位）

　　阿耶波多对如何计算正弦的描述只有一句话，即"一个
正弦与下一个正弦之间的差值等于前一个正弦的差值减去前
一个正弦值的1/225"。若Δ(n)是第n个正弦值与第n－1个正
弦值的差，有

$$\Delta(n+1) = \Delta(n) - \frac{1}{255}(\text{第}n\text{个正弦值})。$$

该公式使我们能够根据表中先前的值计算下一个正弦值。但我们需要第一个正弦值来开始我们的工作。

感谢阿耶波多选择半径3 438，我们已经有了第一个条目。他的表格给出了每 $\frac{1}{24}$ 直角或每 $3\frac{3}{4}^{\circ}$ 的正弦值。由于3 438个单位的半径保证了小角度的正弦非常接近角度本身，因此他的第一个正弦值就是 $\sin\left(3\frac{3}{4}^{\circ}\right) = \sin(225') \approx 225$，它精确到最接近的整数。现在我们可以使用阿耶波多方程开始填写表格（图39）。第一差值$\Delta(1)$为$225 - 0 = 225$。为了找到$\Delta(2)$，我们从225中减去 $\frac{1}{255}\sin 3\frac{3}{4}^{\circ}$，得到224。最后，将224添加到我们的第一个正弦值（225）中，得到表中的第二个条目：$\sin 7\frac{1}{2}^{\circ} = 449$。以下重复操作即可。如果你有电子表格程序，请尝试此方法。只需一分钟，就能快速计算出精确的正弦值。

角度	正弦值	差值
0°	0	
$3\frac{3}{4}°$	225	225
$7\frac{1}{2}°$	**449**	**224**
⋮	⋮	⋮

图39　阿耶波多的正弦表的前几行 [如果你有某一行的正弦值和差值（此处为 $3\frac{3}{4}°$），请使用阿耶波多的公式将这些值合并成一个新的差值（实线箭头）。然后将新差值与前一个正弦值相加生成下一个正弦值（虚线箭头）]

从印度转换为弧度

选择角度测量系统以使小角度的正弦近似等于角度本身的理念正是弧度背后的理念，而弧度是当今测量角度的另一种方法。我们保持单位圆不变，使用半径作为长度单位，沿着圆的外侧测量弧度（图40）。由于圆的周长是 2π，因此完整的圆中有 2π 弧度，而不是360度。

用这种方法测量角度和弧度在微积分中很方便。如果你研究过该主题，你可能还记得正弦的导数是余弦：

$$[\sin x]' = \cos x \circ$$

仅当你使用弧度测量时，这才是正确的。以度为单位，情况
稍微混乱一些：

$$[\sin x]' = \frac{\pi}{180} \cos x \circ$$

这看起来并没有太大区别。但如果我们在复杂的现实情况中
使用度数度量，$\frac{\pi}{180}$ 项最终会到处出现。人们可以使用度数
来进行微积分，但人们不愿意这样做。

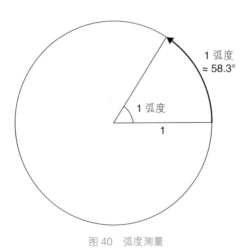

图 40　弧度测量

顺便说一下，关系式 $[\sin x]' = \cos x$ 隐藏在阿耶波多的表中。如果你已经完成了电子表格的练习，请注意，当你沿着表格向下操作时，差异列中的条目逐渐减少得越来越快。如果你绘制它们，你会发现一条近乎完美的余弦曲线。

第四章
恒等式及更多恒等式

在第三章中，我们看到了许多恒等式，它们可以帮助我们在没有任何机械辅助的情况下构建正弦表。我们大多数人在学校学到过这些内容——正弦和与差定律、半角和倍角公式等。但它们仅仅是开始。三角学的世界充满了特性：其中一些非常有用，一些则非常优美，还有一些简直是千奇百怪的。在本章中，我们将走马观花，从每个类别中进行一些观察。你可能以前见过其中的一些，但我们很少有人见过三角学世界里所有晦涩、奇妙和令人好奇的特性。前两个例子被称为三角形恒等式，因为它们描述的是给定三角形中的角度和长度的关系。

正弦定理

15世纪初的威尼斯或许就是"繁华"一词的最佳诠释。作为世界贸易的中心，这里曾是各种文化炫目交融的舞台，人们在这里兜售自己的商品。威尼斯商船队在从黑海到西班牙的地区运输货物。这些船只的航海员（图41）使用各种技术在地中海上制定航线，这些技术至今仍保存在他们的笔记本中。其中一位水手——罗德岛的迈克尔——在他的笔记本中记录了一种称为"马特洛"有效的方法，实际上是一种独特的三角学法。当时威尼斯还没有三角学的实际应用。没有人确切知道迈克尔是从哪里得到它的。它可能最初来自几个世纪前的斐波那契，或者可能是迈克尔和他的同事在一次贸易航行中在中东发现的。

迈克尔的一个处理方法（此处进行了简化）的工作原理如下。假设他希望从X向东航行100千米到达目的地Y（图42）。然而，一场风暴将他吹向东南40°未知的距离，他最终到达了Z点。幸运的是，Y处有一座灯塔。于是迈克尔改变方向，朝灯塔方向航行。最终他到达Y处，与原来向东的路径形成了60°角。问题是：迈克尔从X到Z航行了多远？

由于三角形的内角和为180°，因此我们立即知道Z处的角是80°。迈克尔从X出发画一条穿过大海的线，使其在A处与YZ垂直相交。由于XYA是直角三角形，故有

图 41　摘自迈克尔的航海笔记本

$$\sin 60° = \frac{XA}{XY} 。$$

但XAZ也是直角三角形，所以我们也有

$$\sin 80° = \frac{XA}{XZ} ，$$

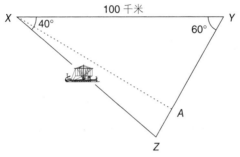

图 42 迈克尔的马特洛问题

从而

$$\frac{XZ}{\sin 60°} = \frac{XY}{\sin 80°} 。$$

该表达式仅涉及原始三角形的一部分，而不涉及迈克尔在其上绘制的线XA。这个三角形及我们选择使用的边和角没有什么特别之处。因此，对于任何具有边a、b和c及与它们相对的角A、B和C的三角形，我们有一个新的恒等式：

正弦定理： $\dfrac{a}{\sin A} = \dfrac{b}{\sin B} = \dfrac{c}{\sin C}$ 。

这个新恒等式如此强大的原因在于它适用于任何三角形。我们不再需要像迈克尔那样寻找直角三角形，或者将给定的三角形分解成直角三角形。我们现在可以很容易地解决迈克尔的问题了。由于 $XY = 100$ 千米，我们有

$$\frac{XZ}{\sin 60°} = \frac{100}{\sin 80°} ;$$

因此 $XZ = 100 \cdot \dfrac{\sin 60°}{\sin 80°} = 87.94$ 千米。

然而，从这些证据中断言迈克尔知道正弦定理似乎并不充分。面对类似的情况，迈克尔总是把他的三角形分解成两个直角三角形。

例如，在本例中，他求解 $\sin 60° = \dfrac{XA}{XY}$，以获得 $XA = 86.60$ 千米，然后求解 $\sin 80° = \dfrac{XA}{XZ}$，以获得 $XZ = 87.94$ 千米。他从来没有承认正弦定理就像我们所写的形式那样是一个整体。另外，很显然，他可以使用正弦定理解决我们能解决的所有问题。那么，迈克尔是否应该因正弦定理而受到赞扬呢？这由你决定。

正弦定理存在一个问题。假设我们知道 $XY = 100$ 千米，

$XZ = 87.94$ 千米，Y 处的角度为 $60°$。我们可以使用正弦定理很容易地计算 Z 处的角度：

$$\frac{87.94}{\sin 60°} = \frac{100}{\sin Z},$$

得出 $\sin Z = 0.984\,8$，因此（使用计算器上的反正弦按钮）$Z = 80°$。但是如果你计算 $\sin 100°$，你也会得到 $0.984\,8$。因此，角度 Z 有两种可能。图43显示迈克尔的航行出现这两个值的情况都是合理的。当使用正弦定理确定角度时，这种模糊性会经常出现。在航行中，这种模糊性可能会使船只陷入危险。

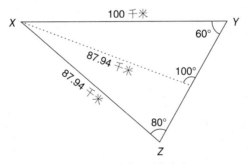

图 43　使用正弦定理时存在歧义

我们用来解决迈克尔问题的方法与当今测量员使用的方法相同。想象一下某块平地被分成各种形状和大小的三角形。若我们知道一个三角形的一条边的长度和该边两端的角度，则正弦定理可以为我们提供该三角形的其余边的尺寸。然后我们可以继续求相邻三角形的尺寸，依此类推。让·巴蒂斯特·约瑟夫·德朗布尔（Jean Baptiste Joseph Delambre）和皮埃尔·梅尚（Pierre Méchain）在18世纪最后十年使用这种三角测量法来计算从敦刻尔克经巴黎到巴塞罗那的南北距离。他们的目标是确定米的长度，米的长度被定义为从北极经过巴黎到赤道的距离的百万分之一。当然，由于地面永远不会完全平坦，因此问题比我们在这里描述的要复杂一些（图44）。

图 44　新西兰特卡波湖坎特伯雷大学约翰山天文台顶部的"触发站"
或测量标记（世界最南端的光学研究设施）

余弦定理

知道自己在哪里可能是生死攸关的问题。考虑以下情况（再次简化）：你在荒野中迷路了，身边只有智能手机，还有一些混合干果来抵御饥饿。尽管手机中的GPS（图45中的 A 处）无法正常工作，但手机能够与两个手机信号塔取得联系，这两个手机信号塔的位置 B 和 C 是已知的，并且救援人员正在那里等待。B 站和 C 站相距 $a = 11\,000$ 米，从手机收到信号的那一刻起，你就知道你距离 B 站 $c = 9\,500$ 米，距离 C 站 $b = 3\,500$ 米。

三角形 ABC 不是直角三角形，但如果我们从 A 向下引一条垂直线，我们就会将其分成两个直角三角形。如图45中标记的边所示，将毕达哥拉斯定理应用于左侧的三角形，即可得到：

$$c^2 = (a - g)^2 + h^2 = a^2 - 2ag + g^2 + h^2。$$

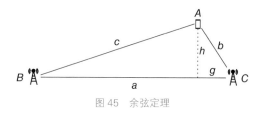

图 45　余弦定理

但从右侧的三角形可知 $g^2 + h^2 = b^2$。因此

$$c^2 = a^2 + b^2 - 2ag,$$

再从右侧的三角形可知 $\cos C = \dfrac{g}{b}$，或 $g = b\cos C$。代入上式，可得：

余弦定理：$c^2 = a^2 + b^2 - 2ab\cos C$。

顺便说一句，毕达哥拉斯定理隐藏在显而易见的地方：若角度 C 为 $90°$，则 $\cos C = 0$，就有 $c^2 = a^2 + b^2$。

回到开始的情况，我们知道 $a = 11\,000$ 米，$b = 3\,500$ 米，$c = 9\,500$ 米。将这些值代入余弦定理得 $C = 56.05°$。我们要求 C 处的救援人员向车站连接线右侧 $56°$ 方向行驶，不久我们就会获救。

这里给出的推导类似于欧几里得经典几何教科书《几何

原本》第二卷中的推导，这令人惊讶，因为《几何原本》是在三角学出现之前至少一个世纪写成的，而且早于余弦的出现。但欧几里得简单地证明了 $c^2 = a^2 + b^2 - 2ag$。他从来没有像我们这样，通过数值代入方程的方式来使用它。一个奇妙的事实是，在三角学出现之前，余弦定理的几何等价形式就已被人所知。

莫尔韦德公式

正弦定理和余弦定理我们可能很熟悉，但今天很少有人看到下面这两个公式。在任何一个三角形中，A、B 和 C 为顶点，a、b 和 c 为相应角的对边，则

$$\frac{a-b}{c} = \frac{\sin\frac{1}{2}(A-B)}{\cos\frac{1}{2}C} \quad \text{与} \quad \frac{a+b}{c} = \frac{\cos\frac{1}{2}(A-B)}{\sin\frac{1}{2}C}。$$

乍一看这些公式似乎没有任何帮助。要使用它们，需要知道三角形的六个元素中的五个元素才能确定第六个元素。但如果你知道六个元素中的五个元素，我们就可以通过正弦定理或余弦定理来找到第六个元素。然而，公式包含所有六个元素这一事实使它们变得很方便：一旦你完全解出了一个

三角形，莫尔韦德公式就会提供快速检查功能，以确保所有
六个值都是正确的。

这些公式是以18世纪早期的德国天文学家卡尔·莫尔韦
德（Karl Mollweide）的名字命名的（如今最著名的是以他的
名字命名的地图投影），尽管莫尔韦德在1808年的论文中引
用了安东尼奥·卡尼奥利（Antonio Cagnoli）1786年的出版
物，其中也出现了这些公式。这两个公式中的第一个可以使
用图46来证明。我们将其作为一个挑战来看看为什么。

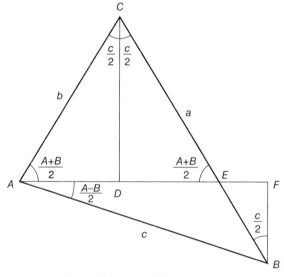

图 46　莫尔韦德公式的无文字证明

关于正切的几个公式

在本章的前半部分，我们探索的所有恒等式都涉及正弦和余弦，从未涉及正切或其他函数。这并不是因为没有。相反，由于正弦和余弦是三角学的基础，因此我们首先要考虑的是正弦和余弦的恒等式。但是正切和其他函数也经常被使用，值得让我们来看看。

我们的第一个也是最著名的正切恒等式是由将莫尔韦德公式的第一个公式除以第二个公式而获得的：

$$\frac{a-b}{a+b} = \frac{\tan\frac{1}{2}(A-B)}{\cot\frac{1}{2}C},$$

然后注意到 $\frac{1}{2}C = \frac{1}{2}(180° - A - B) = 90° - \frac{A+B}{2}$，即得：

$$正切定理：\frac{a-b}{a+b} = \frac{\tan\frac{1}{2}(A-B)}{\tan\frac{1}{2}(A+B)}。$$

由于我们已经可以用正弦定理和余弦定理来解决三角形问题，因此这个新恒等式并没有给我们比以前更多的力量。

然而，在我们发明计算器为我们计算之前，在某些情况下，正切相对更容易。例如，余弦定理需要计算平方根才能求出边长。

正切函数也有对应的毕达哥拉斯定理。只需将 $\sin^2\theta + \cos^2\theta = 1$ 除以 $\cos^2\theta$，我们就得到：

$$\tan^2\theta + 1 = \sec^2\theta。$$

该恒等式偶尔用于计算割线表中的值。在某些情况下，它比通常的 $\sec\theta = 1/\cos\theta$ 更不容易出错。

如同正弦和余弦，正切也有倍角公式和三倍角公式：

正切倍角公式：$\tan 2\theta = \dfrac{2\tan\theta}{1 - \tan^2\theta}$。

正切三倍角公式：$\tan 3\theta = \dfrac{3\tan\theta - \tan^3\theta}{1 - 3\tan^2\theta}$。

以及其他函数的类似公式。例如：

余割三角公式：$\operatorname{cosec}3\theta = \dfrac{\operatorname{cosec}^3\theta}{3\operatorname{cosec}^2\theta - 4}$。

毫不奇怪，正切函数和其他函数也存在和差定律。例如：

正切和差定律：$\tan(\alpha \pm \beta) = \dfrac{\tan\alpha \pm \tan\beta}{1 \mp \tan\alpha \tan\beta}$。

其中许多恒等式都是非常对称的。例如：

$$\operatorname{cosec}(\alpha + \beta + \gamma) = \frac{\sec\alpha \sec\beta \sec\gamma}{\tan\alpha + \tan\beta + \tan\gamma - \tan\alpha \tan\beta \tan\gamma}。$$

这个清单是无穷无尽的。对于你想要选择的函数的和与差的任何组合，它可能都有一个恒等式。

我们一直避免谈论反三角函数的恒等式，部分原因是反三角函数的恒等式并不多。但几个涉及反正切的恒等式有着令人惊讶的应用。由于它们会在第五章中介绍，故在此之前，我们先给大家留个悬念。

积化和，和化积

让我们仔细看看第三章中的正弦和角与差角定律：

$$\sin(\alpha + \beta) = \sin\alpha \cos\beta + \cos\alpha \sin\beta，$$
$$\sin(\alpha - \beta) = \sin\alpha \cos\beta - \cos\alpha \sin\beta。$$

这两个公式的右侧都有$\sin\alpha \cos\beta$与$\cos\alpha \sin\beta$，一个是二者相加，另一个是二者相减。如果我们将这两个方程相加与相减，就有如下的积化和差公式：

$$\sin \alpha \cos \beta = \frac{1}{2}\Big[\sin(\alpha+\beta)+\sin(\alpha-\beta)\Big],$$

$$\cos \alpha \sin \beta = \frac{1}{2}\Big[\sin(\alpha+\beta)-\sin(\alpha-\beta)\Big]。$$

从余弦和角与差角定律出发类似可得另一组积化和差公式：

$$\sin \alpha \sin \beta = \frac{1}{2}\Big[\cos(\alpha-\beta)-\cos(\alpha+\beta)\Big],$$

$$\cos \alpha \cos \beta = \frac{1}{2}\Big[\cos(\alpha+\beta)+\cos(\alpha-\beta)\Big]。$$

我们可能不清楚为什么要费心找这些公式。在16世纪，它们被证明是救星。它们首先由16世纪初纽伦堡的天主教牧师约翰·维尔纳（Johann Werner）发现，后来成为哥本哈根北部赫文岛第谷·布拉赫天文台日常天文生活的一部分。布拉赫在那里建造的巨大天文仪器能够以前所未有的精度记录观测结果。最终，他的助手约翰内斯·开普勒用它们来帮助证明行星的运行轨迹是椭圆而不是圆。

为了了解为什么上述公式对布拉赫团队如此有价值，我们需要借用第七章中球面天文学最基本的公式之一。在天球上（图47），我们找到天赤道和黄道，即太阳穿过天球的路径，太阳每天在天球上运行约1°。3月21日左右，太阳穿过春分点 γ，就是北半球春季的开始。两个圆之间的夹角为 $\varepsilon \approx 23.44°$，相当于地轴的倾斜度。在一年中的某个给定时间，我们知道太阳与 γ 的距离为 λ。我们希望使用以下公式计算太阳到赤道的距离 δ，即赤纬：

$$\sin \delta = \sin \lambda \sin \varepsilon \text{。}$$

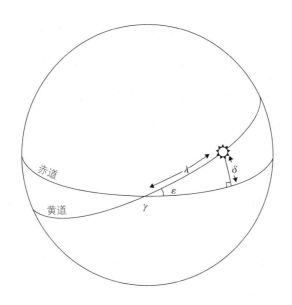

图 47　太阳赤纬

5月20日，λ约为59°。要找到δ，我们必须首先将sin 59°乘以sin 23.44°，即0.857 167 × 0.397 789。今天，我们只需拿起计算器，几乎不用再考虑乘法。但请把自己置于布拉赫助手的立场上，把计算器放在一边。当然，可以手动将这些数字相乘，但这既乏味又容易出错。相反，我们用第三个积化和差公式来解决我们的计算问题：

$$\sin\delta = \frac{1}{2}\left[\cos(\lambda - \varepsilon) - \cos(\lambda + \varepsilon)\right]$$

$$= \frac{1}{2}\left[\cos(35.56°) - \cos(82.44°)\right],$$

其中，乘积已经消失，取而代之的是更容易的减法。无论采用哪种方式，我们都会得出$\delta = 19.94°$，但这种新方法（称为"prosthaphairesis"，源自希腊语中的加法和减法）更可靠，并且也更省时。

正是这种情况促使约翰·纳皮尔（John Napier）在几十年后发明了对数。这正是对数的设计目的：他们使用标准公式$\log xy = \log x + \log y$将乘积转化为和。若将其应用到磁偏角的公式中，则有

$$\log\sin\delta = \log\sin\lambda + \log\sin\varepsilon,$$

令人厌烦的乘积已经消失了。"正弦的对数"虽然看起来不美观，但并不是问题：纳皮尔等人提供了这个组合函数的表格，这样使用者就可以简单地查找它们的值。

很快，对数取代了"prothaphairesis"，成为数学天文学中首选的计算工具。然后，几年之内，对数开始在日常生活中应用。事实上，对数至少可以部分归功于17世纪初测量和建筑等实用学科中数学应用的兴起，最终帮助发展了现代科学技术。

我们的下一步是将积化和差恒等式倒过来。在上面的第一个积化和差恒等式中，令 $x = \alpha + \beta$，$y = \alpha - \beta$。稍加代数处理，几乎立即得出：

$$\sin x + \sin y = 2 \sin \frac{x+y}{2} \cos \frac{x-y}{2}。$$

对所有积化和差恒等式执行类似的操作，得到以下和差化积公式：

$$\cos x + \cos y = 2 \cos \frac{x+y}{2} \cos \frac{x-y}{2};$$

$$\cos x - \cos y = 2 \sin \frac{x+y}{2} \sin \frac{x-y}{2};$$

$$\sin x + \sin y = 2 \sin \frac{x+y}{2} \cos \frac{x-y}{2};$$

$$\sin x - \sin y = 2\cos\frac{x+y}{2}\sin\frac{x-y}{2}。$$

显然，布拉赫的助手会像躲避瘟疫一样远离这些公式。为什么要把和变成乘积呢？但似乎凡事都有好的一面。这些看似反常的公式为一个相当令人惊讶的主题提供了启示：音乐数学。

纯音乐音调是一种声波，可以用以下表达式表示：

$$c\sin(k\cdot2\pi t),$$

其中，c 是声音的振幅，k 是频率，t 是经过的时间（以秒为单位）。钢琴键盘上的基音（中音 C 上方的 A）设置为每秒 440 拍，或赫兹（Hz）。假设你不知道钢琴琴弦的共振频率为 444 Hz。你聘请了一位钢琴调音师，她在弹奏参考音的同时也在你的钢琴上弹奏这个音符。两种音高接近却又不同的声音是不和谐的。你会注意到音量的脉动增加和减少，听见"哇－哇－哇"的声音，这种声音被称为节拍现象。

钢琴调音师很清楚这种效果。当同时演奏音符时，我们的耳朵会听到叠加在一起的声音：

$$\sin(444\cdot2\pi t)+\sin(440\cdot2\pi t)。$$

应用第三个和化积公式，上述的表达式会变成

$$2 \sin(442 \cdot 2\pi t) \cos(2 \cdot 2\pi t),$$

其中 $\sin(442 \cdot 2\pi t)$ 项是我们在 442 Hz 处的两个音符的平均值，是我们听到的主频率。但这个正弦波被乘以 $\cos(2 \cdot 2\pi t)$。从图 48 中我们可以看到这会导致 442 Hz 波产生波动，频率为每秒四次（两个周期的波的"向上"和"向下"部分）。因此，当你听到"哇-哇-哇"的声音时，那正是和化积公式在起作用！注意到这种现象，钢琴调音师就知道你的 A 弦每秒偏离了四拍。她能够相应地调整你的琴弦，并将你的钢琴恢复到完美的音高。

图 48 说明了节拍现象的 $\sin(444 \cdot 2\pi t) + \sin(440 \cdot 2\pi t)$ 的图表 [根据乘积与和的公式，也可以写为 $2 \sin(442 \cdot 2\pi t) \cos(2 \cdot 2\pi t)$。余弦项，以虚线表示曲线，导致 442 Hz 波的幅度周期性波动]

莫里定律

这是一个数学魔术：使用计算器找到cos 20°。正如你所料，这是一个复杂的无理数。将其乘以cos 40°。又是一串明显随机的数字。最后将结果乘以cos 80°。你得到了什么？

物理学家理查德·费恩曼的儿时朋友莫里·雅各布斯向费恩曼展示了这个相当奇怪的结果。人们可以理解为什么费恩曼永远不会忘记这一点。将三个看似无关的无理数相乘并最终得到一个简单的分数（对于没有计算器的读者来说，你会得到0.125或$\frac{1}{8}$），这种事情的发生绝非偶然。我们在探究莫里定律起作用的原因的旅程中还将给我们带来一个附带的好处：有机会对比代数和几何如何为我们提供关于同一情况的两种不同观点。

我们从代数开始。回想一下第二章中的正弦和角公式：

$$\sin(\alpha + \beta) = \sin\alpha \cos\beta + \cos\alpha \sin\beta。$$

若令$\beta = \alpha$，我们会得到：

正弦倍角公式：$\sin(2\alpha) = 2\sin\alpha \cos\alpha$。

莫里定律都是关于余弦的，所以我们重新排列它得到：

$$\cos\alpha = \frac{\sin(2\alpha)}{2\sin\alpha}。$$

我们可以使用新公式将莫里定律中的所有余弦替换为正弦：

$$\cos 20° \cdot \cos 40° \cdot \cos 80° = \frac{\sin 40°}{2\sin 20°} \cdot \frac{\sin 80°}{2\sin 40°} \cdot \frac{\sin 160°}{2\sin 80°}。$$

方便的是，$\sin 40°$和$\sin 80°$项被抵消了，留下

$$\frac{\sin 160°}{8\sin 20°}$$

但由于20°和160°之和为180°，因此它们的正弦相等，故它们也抵消了！这样，我们得到了美好的结果：

$$\cos 20° \cdot \cos 40° \cdot \cos 80° = \frac{1}{8}。$$

这里还有更多的金块，让我们继续挖掘。如果我们没有用20°代替α，我们最终会得到：

$$\cos\alpha \cdot \cos(2\alpha) \cdot \cos(4\alpha) = \frac{\sin(2\alpha)}{2\sin\alpha} \cdot \frac{\sin(4\alpha)}{2\sin(2\alpha)} \cdot \frac{\sin(8\alpha)}{2\sin(4\alpha)}$$

$$= \frac{\sin(8\alpha)}{8\sin\alpha}。$$

我们可以只写两个、三个、四个或者任意多个余弦相

乘。例如，如果我们只选择两个余弦，那么会得到：

$$\cos\alpha \cdot \cos(2\alpha) = \frac{\sin(4\alpha)}{4\sin\alpha}。$$

莫里定律之所以如此有效，是因为等号右侧的两个正弦抵消了，当 4α 等于 $180° - \alpha$ 时，就会发生这种情况。这使得 $\alpha = 36°$。代入后，我们就得到了满意的结果：

$$\cos 36° \cdot \cos 72° = \frac{1}{4}。$$

如果我们对四个余弦应用相同的操作过程，我们也会得到一个结果，尽管这次角度值不那么漂亮：

$$\cos\frac{180°}{17} \cdot \cos\frac{2 \cdot 180°}{17} \cdot \cos\frac{4 \cdot 180°}{17} \cdot \cos\frac{8 \cdot 180°}{17} = \frac{1}{16}。$$

对于四个余弦，我们还可以使用另一种技巧。截至目前，我们一直通过选择 α 来抵消等号右侧的正弦，使分子中的角度为 $180°$ 减去分母中的角度。但我们也可以选择 α，使分子中的角度等于 $180°$ 加上分母中的角度。在这种情况下，正弦几乎抵消了，留下 -1。（请参阅第二章中的图表来回忆为什么这是真的）我们得到：

$$\cos 12° \cdot \cos 24° \cdot \cos 48° \cdot \cos 96° = -\frac{1}{16}。$$

这里还可以找到更多内容，但现在我们将接力棒传递给感兴趣的读者。

下面我们把观点从代数转向几何。我们从方程

$$\cos 36° \cdot \cos 72° = \frac{1}{4}$$

开始。在图49中，正五边形的边长等于1。正五边形的角度是108°，由此可以算出图49中所示的其他角度。在三角形 ABE 中，已知 $AE = \cos 36°$，因此 $AC = 2\cos 36°$。在三角形 ACF 中，$\cos 72° = CF/AC$，因此 $CF = 2\cos 36° \cdot \cos 72°$。但 CF 是正五边形底边的一半，所以 CF 的长度是1/2。这证明了上述方程。

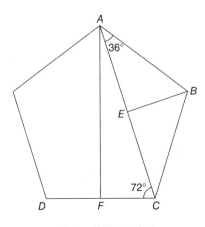

图 49　莫里正五边形

　　对于最初的莫里定律（三个余弦相乘），我们转向边长为 1 的正九边形（图 50），并在该过程中添加一个额外的步骤。正九边形的角度是 $140°$，读者可计算出图 50 中所示的其他角度。从三角形 ABF 可知，$AF = \cos 20°$，因此 $AC = 2\cos 20°$。从直角三角形 AGC 可知，$AG = AC\cos 40° = 2\cos 20°\cos 40°$，因此 $AD = 4\cos 20°\cos 40°$。最后，在三角形 ADH 中，$DH = AD\cos 80° = 4\cos 20°\cos 40°\cos 80°$。但 DH 是正九边形底边的一半，所以 DH 的长度是 $1/2$。我们已经用几何方式证明了莫里定律。

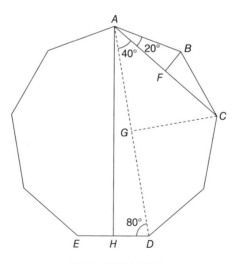

图 50　莫里正九边形

人们可以想象进一步扩展这个论证（下一步我们需要一个正 17 边形），证明越来越多的余弦乘积的公式——可以说是一种重复的几何算法。几何论证和代数论证看似不同，但它们的目的是一样的。你更喜欢哪一种，可以反映你的学习风格。因此我们请你在这里留步，反思一下你的数学个性。

三角学世界里包含许多的恒等式，我们在这里只看到了其中的一部分。继续这种探索将会给你带来许多意想不到的发现。

第五章

到无穷远……

接下来的内容将带你们踏上一段永远持续但又到达终点的旅程。如果你以前没有见过数学中使用的无穷大，这可能会让你感到困扰。有些人会对此感到相当不安。当争论中的某个部分让你感到不安时，问问自己，你认为哪里错了。完成后我们再讨论这些问题。

考虑图51中单位圆的扇区，其中角度θ以弧度测量。由于整个圆的面积为$\pi r^2 = \pi \cdot 1^2 = \pi$，并且我们有该圆的分数$\theta/2\pi$，因此扇区的面积为$\pi \cdot \theta/2\pi = \theta/2$。但是我们要以另一种更困难的方式求出该区域的面积。最终，我们将把两个面积公式结合在一起，发现一些有趣的东西。

我们首先折断浅色阴影的三角形，我们将其面积标记为$T(\theta)$。假设三角形的底边是垂直边，我们可以得到：

$$T(\theta) = \frac{1}{2}\, \text{底} \times \text{高} = \frac{1}{2}\left(2\sin\frac{\theta}{2}\right)\left(\cos\frac{\theta}{2}\right) = \sin\frac{\theta}{2}\cos\frac{\theta}{2} \text{。}$$

用第四章中的正弦倍角公式，上述的表达式可以简化为

$$T(\theta) = \frac{1}{2}\sin\theta \text{。}$$

我们转向深灰色阴影的三角形面积，记为$A(\theta)$。则

$$A(\theta) = \sin\frac{\theta}{2}\left(1-\cos\frac{\theta}{2}\right) \text{。}$$

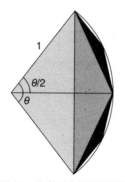

图 51　导出正弦的泰勒级数

括号中的表达式可能看起来很熟悉：它是第二章中的正矢；它也看起来非常像第三章中的正弦半角公式。故

$$A(\theta) = \sin\frac{\theta}{2}\left(2\sin^2\frac{\theta}{4}\right) \text{。}$$

我们现在转换一下想法。假设θ很小。由于我们以弧度来

测量角度,因此我们回想起第三章末尾的内容,任何小角度的正弦值都大致等于角度本身。所以

$$A(\theta) = \sin\frac{\theta}{2}\left(2\sin^2\frac{\theta}{4}\right) \approx \frac{\theta}{2}\cdot 2\left(\frac{\theta}{4}\right)^2 = \frac{\theta^3}{16} \qquad (*)$$

现在,我们想要找到整个扇区的面积。但 $T(\theta)$ 和 $A(\theta)$ 并没有全部填满,还有两个小部分被遗漏了。我们可以用图 51 中的两个黑色三角形来填充这些扇区,但是这些三角形的面积是多少?图 52 是图 51 中的上半部分顺时针旋转了一点。这两个图形看起来几乎相同,但有两处不同:圆心的角度现在是 $\theta/2$ 而不是 θ;图 52 中有一个黑色三角形,而图 51 中有一个深灰色阴影的三角形。因此,每个黑色三角形的面积可以通过重复计算 $A(\theta)$ 而不是从 $\theta/2$ 开始求得;换句话说,就是 $A(\theta/2)$。

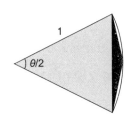

图 52　图 51 中的上半部分顺时针旋转

118

四个非常小的部分仍然下落不明。出于同样的原因，我们可以用四个三角形（太小而无法在我们的图中绘制）填充它们，每个三角形的面积为$A(\theta/4)$。现在剩下八个小扇形，我们用面积为$A(\theta/8)$的三角形填充，等等。如果我们让这个过程无限地继续下去，我们最终将填满整个扇区。因此，总面积为

$$T(\theta)+A(\theta)+2A(\theta/2)+4A(\theta/4)+8A(\theta/8)+\cdots$$

允许上述总和项数无限增大。

我们已经知道扇形的面积是$\theta/2$；我们有$T(\theta)$的公式；我们有一个如上面公式（＊）所表示的$A(\theta)$公式，对于任何θ值都成立。则有

$$\text{Area}=\frac{\theta}{2}=T(\theta)+A(\theta)+2A(\theta/2)+4A(\theta/4)+8A(\theta/8)+\cdots$$

$$\approx\frac{1}{2}\sin\theta+\frac{\theta^3}{16}+2\left[\frac{(\theta/2)^3}{16}\right]+4\left[\frac{(\theta/4)^3}{16}\right]+8\left[\frac{(\theta/8)^3}{16}\right]+\cdots$$

$$=\frac{1}{2}\sin\theta+\frac{\theta^3}{16}+\frac{\theta^3}{64}+\frac{\theta^3}{256}+\frac{\theta^3}{1\,024}+\cdots$$

该如何处理这个无限的分数集合呢？我们有一个非常巧妙的方法来处理这个问题，尽管这个方法存在争议。它在

20世纪70年代引发了互联网历史上最长的口水战，最近又在《魔兽世界》和艾恩·兰德的留言板上对掀起了轩然大波。引发争论的问题是：是否0.999 999 9⋯= 1？不是接近1，而是恰好是1？答案为"是"，原因如下。将0.999 999 9⋯用分数表示如下：

$$\frac{9}{10}+\frac{9}{100}+\frac{9}{1\,000}+\frac{9}{10\,000}+\cdots$$

将上述表达式乘以 $\frac{1}{10}$，得到：

$$\frac{9}{100}+\frac{9}{1\,000}+\frac{9}{10\,000}+\cdots$$

这两个表达式之间的差是0.999 999 9⋯的 $\frac{9}{10}$。但是如果你从第一个分数中减去第二个分数和，除了第一项 $\frac{9}{10}$ 之外，其他都抵消了！所以

$$\frac{9}{10}(0.999\,999\,9\cdots)=\frac{9}{10},$$

由此可知，0.999 999 9⋯= 1。

我们可以对表达式

$$\frac{\theta^3}{16}+\frac{\theta^3}{64}+\frac{\theta^3}{256}+\frac{\theta^3}{1\,024}+\cdots$$

做同样的事情（提示：不是将表达式乘以 $\frac{1}{10}$，而是乘以 $\frac{1}{4}$），这样做时，它等于 $\theta^3/12$。因此，扇区的面积约为

$$\frac{1}{2}\sin\theta+\frac{\theta^3}{12}。$$

但回想一下本章开头的内容，面积正好等于 $\frac{\theta}{2}$。因此 $\frac{\theta}{2}\approx\frac{1}{2}\sin\theta+\frac{\theta^3}{12}$，从中求解 $\sin\theta$，我们最终得到：

$$\sin\theta\approx\theta-\frac{\theta^3}{6}。$$

我们现在总结一下。开始时，我们假设 θ 很小，则 $\sin\theta\approx\theta$。我们现在有了一个更好的近似值：如果 θ 很小，那么 $\sin\theta$ 甚至更接近 $\theta-\frac{\theta^3}{6}$。这是一个好主意：让我们回到第一次使用 $\sin\theta\approx\theta$ [方程（*）]，用改进的 $\sin\theta\approx\theta-\frac{\theta^3}{6}$ 替换它，看看我们会得到什么。虽然代数比较乱，但是过程和以前一样，我们得到：

$$\sin\theta\approx\theta-\frac{\theta^3}{6}+\frac{\theta^5}{120}。$$

现在没有理由停止：将我们更好的近似值带回方程

（＊），然后重复。这次我们得到

$$\sin\theta \approx \theta - \frac{\theta^3}{6} + \frac{\theta^5}{120} - \frac{\theta^7}{5\,040}。$$

为什么不继续下去呢？事实上，为什么不继续无限下去呢？如果我们这样做，会得到：

$$\sin\theta = \theta - \frac{\theta^3}{6} + \frac{\theta^5}{120} - \frac{\theta^7}{5\,040} + \frac{\theta^9}{362\,880}$$

$$- \frac{\theta^{11}}{39\,916\,800} + \frac{\theta^{13}}{6\,227\,020\,800} + \cdots$$

分母中的这些数字看起来很难看，但它们隐藏了一个表示方式：$6 = 3\cdot2\cdot1$，$120 = 5\cdot4\cdot3\cdot2\cdot1$，$5\,040 = 7\cdot5\cdot4\cdot3\cdot2\cdot1$，依此类推。这些数字都可以写成阶乘，从而我们有正弦泰勒级数：

$$\sin\theta = \theta - \frac{\theta^3}{3!} + \frac{\theta^5}{5!} - \frac{\theta^7}{7!} + \frac{\theta^9}{9!} - \frac{\theta^{11}}{11!} + \frac{\theta^{13}}{13!} - \cdots$$

如果你能接受我们对包含无限多项的表达式的如上的有些随意的操作，那么请随意跳过几段。对于其他人来说，允许这些和的存在是非常奇怪的，而且可能是非法的。我们似乎已经从将无限视为一个过程，转变为将无限视为一个完整的现实。人真的能做到这一点吗？我们可以将 0.09 加到 0.9，然后再加上 0.00 9，依此类推，但我们永远无法将无穷多个项加在一起。这当然是正确的，但它混淆了人们可以计算的东西和人们可以思考的东西。自从人类能够思考以来，我们就一直在思考允许完成无限过程的含义——实际的无限，而不是潜在的无限。允许我们以这种方式思考，在一定程度上促成了人类发明的最强大的数学工具——微积分。泰勒级数就是一个例子。它的发明者之一艾萨克·牛顿（Isaac Newton）在他的经典著作《无限项方程分析》（*Of Analysis by Equations of an Infinite Number of Terms*）（图 53）中探索了与我们类似的道路。直到牛顿之后的一个多世纪，这一推理才被奠定了坚实的逻辑基础。无论如何，我们最好希望这些无限推论是正确的，因为微积分是大多数现代科学技术背后的数学工具。否认它的有效性，你的智能手机就会面临报废的风险。

如果你仍然不相信（并且也没有特别的理由使你应该相信，至少目前如此），请参阅更深入地探讨这一内容的阅读材料。同时，问问自己是否相信1/3 = 0.333 333 3…，然后将该方程两边乘以3。

[321]

OF

ANALYSIS

BY

Equations of an infinite Number of Terms.

1. *THE General Method, which I had devised some considerable Time ago, for measuring the Quantity of Curves, by Means of Series, infinite in the Number of Terms, is rather shortly explained, than accurately demonstrated in what follows.*

2. Let the Base AB of any Curve AD have BD for it's perpendicular Ordinate; and call AB=x, BD=y, and let a, b, c, &c. be given Quantities, and m and n whole Numbers. Then

The Quadrature of Simple Curves,

RULE I.

3. If $ax^{\frac{m}{n}}=y$; it shall be $\frac{an}{m+n}x^{\frac{m+n}{n}}=$ Area ABD.

The thing will be evident by an Example.

1. If $x^2 (=1x^{\frac{2}{1}})=y$, that is $a=1=n$, and $m=2$; it shall be $\frac{1}{3}x^3$ =ABD.

T t

2. Suppose

图 53　艾萨克·牛顿《无限项方程分析》的第一页

124

图 54 显示了前几个泰勒近似，即 $y = \theta$、$y = \theta - \theta^3/6$ 等，从图中我们可以看出泰勒级数是有效的。曲线越来越接近正弦波；随着我们添加更多项，对于越来越宽的 θ 值的范围，近似值可以很好地拟合正弦曲线。泰勒级数拟合得如此好的部分原因是序列中的每一项都比它前面的项小得多。分数分母中的阶乘很快就会变得非常大。

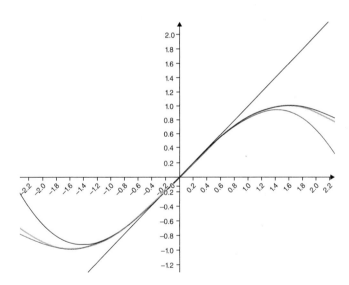

图 54 正弦曲线的泰勒近似图（灰色曲线为 $y = \sin\theta$。对角线为 $y = \theta$；从左上角开始到右下角结束的细曲线是 $y = \theta - \theta^3/6$；从左下角开始到右上角结束的细曲线是 $y = \theta - \theta^3/6 + \theta^5/120$）

如果艾萨克·牛顿已经在使用无穷级数，人们可能会想知道它们是如何以其他人的名字命名的。原因是只有一些无穷级数是以泰勒的名字命名的。苏格兰数学家詹姆斯·格雷戈里（James Gregory，1638—1675）曾使用过无穷级数，布鲁克·泰勒（Brook Taylor，1685—1731）最终在1715年提出了构建无穷级数的通用方法。这足以让他闻名于世。

事实上，我们的正弦泰勒级数要古老得多。从14世纪末到16世纪初，在印度西南部的喀拉拉邦，一群非凡的天文学家在没有现代微积分知识的情形下自行发现了正弦泰勒级数和其他几个系列。从桑伽玛格拉玛的马达瓦开始，这些学者一直在寻找更好的方法来计算正弦和余弦，以便为他们的天文学工作奠定更好的基础。它们完全按照几何原理工作，就像我们之前所做的那样，不需要定义像导数这样的微积分概念。喀拉拉邦的数学家像我们一样依赖于无限过程，但他们计算的不仅仅是正弦级数。例如，他们发现了余弦泰勒级数：

$$\cos\theta = 1 - \frac{\theta^2}{2!} + \frac{\theta^4}{4!} - \frac{\theta^6}{6!} + \frac{\theta^8}{8!} - \frac{\theta^{10}}{10!} + \frac{\theta^{12}}{12!} - \cdots$$

他们还发现了直到最近还被称为π的格雷戈里-莱布尼茨级数：

$$\frac{\pi}{4} = 1 - \frac{1}{3} + \frac{1}{5} - \frac{1}{7} + \frac{1}{9} - \cdots$$

在历史上一个被纠正的罕见例子中，这种表达方式逐渐以扩展名称而为人所知：马达瓦-格雷戈里-莱布尼茨级数。

使用无限三角级数计算 π

如果我们想计算 π 的精确值，马达瓦 - 格雷戈里 - 莱布尼茨级数是一个非常糟糕的方法。虽然你最终会到达那里，但在这种情况下，终点离我们还很远很远。如果你尝试，会发生以下情况：

$$\frac{\pi}{4} \approx 1 - \frac{1}{3} \qquad\qquad \pi \approx 2.666\,666\,67$$

$$\frac{\pi}{4} \approx 1 - \frac{1}{3} + \frac{1}{5} \qquad\qquad \pi \approx 3.466\,666\,67$$

$$\frac{\pi}{4} \approx 1 - \frac{1}{3} + \frac{1}{5} - \frac{1}{7} \qquad\qquad \pi \approx 2.895\,238\,10$$

$$\frac{\pi}{4} \approx 1 - \frac{1}{3} + \frac{1}{5} - \frac{1}{7} + \frac{1}{9} \qquad\qquad \pi \approx 3.339\,682\,54$$

$$\vdots \qquad\qquad\qquad\qquad \vdots$$

$$\frac{\pi}{4} \approx 1 - \frac{1}{3} + \frac{1}{5} - \frac{1}{7} + \cdots + \frac{1}{101} \qquad \pi \approx 3.161\,198\,61$$

$$\vdots \qquad\qquad\qquad\qquad \vdots$$

$$\frac{\pi}{4} \approx 1 - \frac{1}{3} + \frac{1}{5} - \frac{1}{7} + \cdots + \frac{1}{1\,001} \qquad \pi \approx 3.143\,588\,66$$

即使在 $\frac{1}{1\,001}$ 项之后，这里的π也只有小数点后两位有效！这可不是好兆头。若你希望π精确到小数点后十位，则需要大约50亿个项。

然而，有一些巧妙的方法可以加速收敛，其中一些是由马达瓦在喀拉拉邦发现的。最简单的方法是，当你感到疲倦时，减去一个修正项（若最后一个修正项被减去，则加上一个修正项）。马达瓦提出的第一个修正项只是你迄今为止组合的项数的倒数：例如，在 $\frac{\pi}{4} \approx 1 - \frac{1}{3} + \frac{1}{5} - \frac{1}{7} + \frac{1}{9}$ 的情况下，减去 $\frac{1}{5}$。这样，π 的估计值从 3.339\,682\,54 提高到更好的 3.139\,682\,54。当最后一个修正项为 $\frac{1}{101}$ 时，π 的估计值变为 3.141\,590\,77，当最后一个修正项为 $\frac{1}{1\,001}$ 时，我们得到 π 的估计值为 3.141\,592\,65，精确到小数点八位。

使用三角级数我们可以更有效地求 π。接下来我们考虑布鲁克·泰勒在进入剑桥大学之前的数学导师约翰·梅钦（John Machin，1680—1751）提出的绝妙想法。泰勒曾经告诉梅钦，他在一次喝咖啡的谈话中发表的评论启发了泰勒发现了以他的名字命名的级数背后的定理。1706 年，梅钦的朋友威廉·琼斯在一段文字中描述了梅钦的方法，这是有史以来第一次使用符号 π 来表示 3.141 5…。琼斯是一位出色的推销员，他写道：但是级数的方法……与阿基米德和其他几何学家复杂的冗长方法相比，可以非常方便地执行此 "π 的计算"任务。尽管据说其中一些人（在这种情况下）为人类的进步设定了界限，但没有给后代留下任何值得夸耀的东西；但我们认为，我们的祖先付出了不可磨灭的劳动，没有理由将我们限制在这些界限之内，而这些界限通过现代几何学的手段，变得如此容易超越。

这种严重依赖计算的"现代几何"受到微积分的启发，最终被称为分析。我们在描述 *x* 和 *y* 坐标的数学短语中使用相同的词——"解析几何"。

梅钦的想法是使用级数作为反正切值，这非常简单：

反正切级数：$\tan^{-1} x = x - \dfrac{x^3}{3} + \dfrac{x^5}{5} - \dfrac{x^7}{7} + \dfrac{x^9}{9} - \cdots$

现在，我们知道 $\tan 45° = 1$，但由于我们现在以弧度测量角度，因此我们有 $\tan \dfrac{\pi}{4} = 1$。如果在反正切函数中令 $x = 1$，我们就得到了马达瓦－格雷戈里－莱布尼茨级数。但梅钦有更精明的想法。在图 55 的单位圆中，直角三角形的高度是它们各自角度的正切（因为正切＝对边／邻边，且邻边都等于 1）。我们首先标出高度的 $\dfrac{1}{5}$。对应的角度 θ 为 $\tan^{-1} \dfrac{1}{5} \approx 11.31°$。

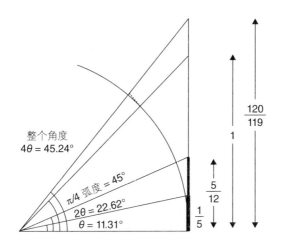

图 55　梅钦对其反正切公式的推导

（我们不得不将小角度放大大约二十倍，以使小虚线勉强可见）

回想第四章中的正切和差定律：

$$\tan(\alpha \pm \beta) = \frac{\tan\alpha \pm \tan\beta}{1 \mp \tan\alpha\tan\beta}$$

如果我们将 α 和 β 都设置为 θ 并利用 $\tan\theta = \frac{1}{5}$，可得

$$\tan 2\theta = \frac{2\tan\theta}{1-\tan^2\theta} = \frac{2\times\dfrac{1}{5}}{1-\left(\dfrac{1}{5}\right)^2} = \frac{5}{12}。$$

所以有点粗的线的高度是 $\dfrac{5}{12}$。让我们再次将角度加倍为 4θ，它对应的垂直线的高度为

$$\tan 4\theta = \frac{2\tan 2\theta}{1-\tan^2 2\theta} = \frac{2\times\dfrac{5}{12}}{1-\left(\dfrac{5}{12}\right)^2} = \frac{120}{119}。$$

这个值非常接近1。

就其本身而言，这一事实对我们没有太大帮助。但现在考虑一下非常短、几乎看不见的对角虚线，它与圆的45°点相切，并穿过间隙到达对应于 4θ 的最高对角线。由于它在45°点垂直于半径，因此其长度等于 $\tan\left(4\theta - \dfrac{\pi}{4}\right)$。根据正切差定律，其长度为

$$\tan\left(4\theta-\frac{\pi}{4}\right)=\frac{\tan 4\theta-1}{1+\tan 4\theta}=\frac{\dfrac{120}{119}-1}{1+\dfrac{120}{119}}=\frac{1}{239}。$$

我们快要抵达目标了!已经知道非常小的角度$4\theta-\dfrac{\pi}{4}$等于$\tan^{-1}\left(\dfrac{1}{239}\right)$。将$\theta=\tan^{-1}\left(\dfrac{1}{5}\right)$代入该方程并求解$\dfrac{\pi}{4}$,我们有

梅钦公式:$\dfrac{\pi}{4}=4\tan^{-1}\left(\dfrac{1}{5}\right)-\tan^{-1}\left(\dfrac{1}{239}\right)$。

这个公式有两个非常有用的属性。首先,由于我们使用十进制计数系统,当我们将$\dfrac{1}{5}$代入反正切级数时,计算会相对容易:

$$\tan^{-1}\left(\frac{1}{5}\right)=\frac{1}{5}-\frac{\left(\frac{1}{5}\right)^3}{3}+\frac{\left(\frac{1}{5}\right)^5}{5}-\cdots=\frac{1}{5}-\frac{1}{375}+\frac{1}{15\,625}-\cdots$$

当我们计算$\tan^{-1}\left(\dfrac{1}{239}\right)$时,我们就失去了这一优势。但$\dfrac{1}{239}$是一个非常小的数量。因此,$\tan^{-1}\left(\dfrac{1}{239}\right)$级数的项很快变得非常小:

132

$$\tan^{-1}\left(\frac{1}{239}\right) = \frac{1}{239} - \frac{\left(\frac{1}{239}\right)^3}{3} + \frac{\left(\frac{1}{239}\right)^5}{5} - \cdots$$

$$= \frac{1}{239} - \frac{1}{40\,955\,757} + \frac{1}{3\,899\,056\,325\,995} - \cdots$$

梅钦使用他的公式将 π 计算到 100 位，这肯定比任何实际目的所需的精度都要高。继任者很快就使用类似的技术打破了他的纪录。即使在今天，涉及反正切级数的方法仍然被使用。

计算器如何计算三角函数？

截至目前，可能还不需要让你相信三角函数比普通算术更具挑战性。我们可以很容易地在纸上算出46 × 34，但我们需要第三章的大部分内容来确定sin 1°。泰勒级数使我们能够将计算正弦的挑战从一个困难的几何问题转化为一个烦琐的算术问题：只需用泰勒级数代替正弦，并根据你的耐心计算尽可能多的项。这就是马达瓦首先推导出泰勒级数的原因。

当你问微积分老师计算器如何计算正弦时，他们几乎肯定会回答用了"泰勒级数"。评估泰勒级数只不过涉及数字的加、减、乘和除，这就是计算器的设计目的。但老师错了。计算器不使用泰勒级数。相反，它们使用完全不同的算法，经过巧妙设计，可以更加平稳、快速地工作。

20世纪50年代末，第二次世界大战期间，担任B-24飞行工程师的杰克·沃尔德（Jack Volder）应雇主科威尔（Corvair）的要求，用数字等效系统取代B-58轰炸机的模拟计算机驱动导航系统。当时，在需要三角函数的值时，仍然必须在表格中查找它们。沃尔德的解决方案称为坐标旋转数字计算机（COordinate Rotation DIgital Computer，CORDIC），比其他方法快得多。如今大多数袖珍计算器都使用它的变体。CORDIC背后的一些想法可以追溯到17世纪初的数学家亨利·布里格斯，他是十进制对数的发明者。在袖珍计算器问世的早期，惠普公司曾因使用类似算法而收到王实验室（Wang Labs）的专利侵权通知。惠普公司寄回了一份布里格斯17世纪拉丁文文本的副本，事情就这样结束了。

当你在计算器中输入一个数字（例如67.89°）并按 sin 键时，会发生以下情况。首先，计算器将你的数字分解为以下一组角度的和与差：

$$\theta_0 = \tan^{-1} 1 = 45°,$$

$$\theta_1 = \tan^{-1}\left(\frac{1}{2}\right) = 26.565°,$$

$$\theta_2 = \tan^{-1}\left(\frac{1}{4}\right) = 14.036°,$$

$$\theta_3 = \tan^{-1}\left(\frac{1}{8}\right) = 7.125°,$$

依此类推，最高可达 θ_{39} 左右，约为 10^{-10}，刚好超出计算器的精度范围。这些角度中的每一个大约都是前一个角度的一半。在我们的例子中，

$$67.89° = 45° + 26.565° - 14.036° + 7.125° + \cdots - 0.000\,000\,000\,104\,2°$$

$$= \theta_0 + \theta_1 - \theta_2 + \theta_3 + \cdots - \theta_{39}。$$

图56直观地显示了所发生的情况。在单位圆上，我们求圆中两条虚线的长度 $\cos 67.89°$ 和 $\sin 67.89°$。我们首先从圆上最右边的点（1，0）向上移动 $\theta_0 = 45°$，然后再次向上移动 $\theta_1 = 26.565°$，然后向下移动 $\theta_2 = 14.036°$，依此类推。每一步我们都会向上或向下旋转，只要能让我们更接近67.89°。回顾一下第三章的内容，我们可以通过应用以下矩阵确定绕原点旋转的点的坐标：

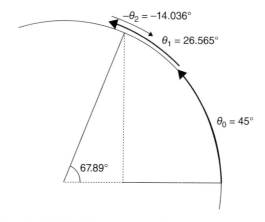

图 56 使用 CORDIC 算法计算 sin 67.89°（在每个阶段，我们都会添加或减去
旋转 θ_n，使之越来越接近 67.89°。仅显示 40 个步骤中的前 3 个步骤）

$$\begin{bmatrix} \cos\theta & -\sin\theta \\ \sin\theta & \cos\theta \end{bmatrix}。$$

第一次旋转给出了

$$\begin{bmatrix} \cos\theta_0 & -\sin\theta_0 \\ \sin\theta_0 & \cos\theta_0 \end{bmatrix} \begin{bmatrix} 1 \\ 0 \end{bmatrix}。$$

第二次旋转对上述结果应用了一个新矩阵，因此有

$$\begin{bmatrix} \cos\theta_1 & -\sin\theta_1 \\ \sin\theta_1 & \cos\theta_1 \end{bmatrix} \begin{bmatrix} \cos\theta_0 & -\sin\theta_0 \\ \sin\theta_0 & \cos\theta_0 \end{bmatrix} \begin{bmatrix} 1 \\ 0 \end{bmatrix}。$$

我们的第三次旋转是向后的，所以有

$$\begin{bmatrix} \cos(-\theta_2) & -\sin(-\theta_2) \\ \sin(-\theta_2) & \cos(-\theta_2) \end{bmatrix} \begin{bmatrix} \cos\theta_1 & -\sin\theta_1 \\ \sin\theta_1 & \cos\theta_1 \end{bmatrix} \begin{bmatrix} \cos\theta_0 & -\sin\theta_0 \\ \sin\theta_0 & \cos\theta_0 \end{bmatrix} \begin{bmatrix} 1 \\ 0 \end{bmatrix}。$$

重复这个过程四十次，最终得到一个有点吓人的表达式

$$\begin{bmatrix} \cos\theta_{39} & \sin\theta_{39} \\ -\sin\theta_{39} & \cos\theta_{39} \end{bmatrix} \cdots \begin{bmatrix} \cos\theta_2 & \sin\theta_2 \\ -\sin\theta_2 & \cos\theta_2 \end{bmatrix}$$

$$\begin{bmatrix} \cos\theta_1 & -\sin\theta_1 \\ \sin\theta_1 & \cos\theta_1 \end{bmatrix} \begin{bmatrix} \cos\theta_0 & -\sin\theta_0 \\ \sin\theta_0 & \cos\theta_0 \end{bmatrix} \begin{bmatrix} 1 \\ 0 \end{bmatrix}。$$

这将生成67.89°的正弦值和余弦值，精确到小数点后十一位左右，但似乎效率很低。然而，这正是沃尔德对θ_n值的灵感来源。每个旋转矩阵可以分解如下：

$$\begin{bmatrix} \cos\theta_n & -\sin\theta_n \\ \sin\theta_n & \cos\theta_n \end{bmatrix} = \cos\theta_n \begin{bmatrix} 1 & -\tan\theta_n \\ \tan\theta_n & 1 \end{bmatrix};$$

但从我们对这些θ_n的选择可知，$\tan\theta_n = 2^{-n}$。还有

$$\cos\theta_n = \frac{1}{\sec\theta_n} = \frac{1}{\sqrt{1+\tan^2\theta_n}} = \frac{1}{\sqrt{1+2^{-2n}}}。$$

整个矩阵可以完全不用任何三角函数来写：

$$\begin{bmatrix} \cos\theta_n & -\sin\theta_n \\ \sin\theta_n & \cos\theta_n \end{bmatrix} = \frac{1}{\sqrt{1+2^{-2n}}} \begin{bmatrix} 1 & -2^{-n} \\ 2^{-n} & 1 \end{bmatrix}$$

计算器使用二进制算术，乘以2的幂就像我们乘以10的

幂一样容易。还有另一个优点，无论用户在计算器中输入什么数字，这四十个量 $\frac{1}{\sqrt{1+2^{-2n}}}$ 都是相同的。我们可以简单地提前将这些数量收集在一起，将它们相乘，并将结果连接到算法中，这样我们就不必每次都计算出来。这个数字结果是 0.607 252 935。整个看起来繁杂的事情因此简化为

$$0.607\ 252\ 935 \begin{bmatrix} 1 & 2^{-39} \\ -2^{-39} & 1 \end{bmatrix} \cdots \begin{bmatrix} 1 & 2^{-2} \\ -2^{-2} & 1 \end{bmatrix} \begin{bmatrix} 1 & -2^{-1} \\ 2^{-1} & 1 \end{bmatrix}$$
$$\begin{bmatrix} 1 & -2^0 \\ 2^0 & 1 \end{bmatrix} \begin{bmatrix} 1 \\ 0 \end{bmatrix}。$$

该表达式中的运算几乎全部涉及2的简单幂，速度非常快。在按下按钮和结果之间你都没有时间眨眼。从第三章开始，我们已经走了很长一段路，我们学习了如何根据初等几何构建正弦。我们不再手无寸铁。

傅立叶和开尔文，潮汐和音乐

回到第一章，19世纪的科学家威廉·汤姆逊爵士（后来被封为开尔文勋爵）对如何预测海洋潮汐感到困惑。潮汐背后的物理原理是众所周知的。潮汐是地球、月球和太阳之

间引力相互作用的结果。但了解这种相互作用并不能帮助我们预测特定位置的潮汐。海底高度和海岸线形状等局部影响会极大地改变潮汐，这就是为什么不同海岸的潮汐不同。那么，预测潮汐就成为逆向工程中的一个问题：我们如何使用某个地点最近潮汐的数据来确定该潮汐未来的表现？

汤姆逊有一个优势。十六岁时，他的家人去德国旅行，他的父亲让他们停止所有工作，以便他们可以练习德语。十几岁的汤姆逊把他最喜欢的书偷偷塞进了行李里，在他们逗留期间，他躲在地窖里读这本书。这本书的作者是让·巴蒂斯特·约瑟夫·傅立叶（Jean Baptiste Joseph Fourier，1768—1830）。

19世纪初，傅立叶在他的《热的分析理论》中解决了热量如何通过介质传播的问题。后来他成为第一个主张温室效应存在的人。

正如我们在本章前面所看到的，布鲁克·泰勒和他的同事通过将许多函数表示为 x 的幂的无限和来驯服这些函数。傅立叶扭转了泰勒的局面：他没有使用多项式构建三角函数，而是使用正弦和余弦构建了各种函数。回想在第四章中，我们通过添加两个以音符频率振动的正弦函数来生成两个纯音一起演奏的声音。例如，当同时播放 444 Hz 的音符且音量与 440 Hz 的音符相同时，我们会得到：

$$\sin(444 \cdot 2\pi t) + \sin(440 \cdot 2\pi t)。$$

傅立叶发现了如何在另一个方向上工作：从给定的周期函数出发，他能够将其分解为正弦和余弦之和，从而将该函数分解为分量"音符"。例如，考虑用于数字开关电路和合成管乐器声音的方波（图57）。振幅为1、周期为2的方波的傅立叶级数为

$$\frac{4}{\pi}\sin(\pi t) + \frac{4}{3\pi}\sin(3\pi t) + \frac{4}{5\pi}\sin(5\pi t) + \frac{4}{7\pi}\sin(7\pi t) + \cdots$$

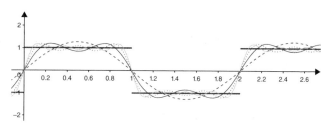

图 57　方波（以粗线绘制）及其前四个傅立叶近似值

（在峰值时，近似曲线均比方波高出约 9%）

傅立叶的解决方案是有争议的。随着连续正弦项的添加，曲线越来越接近方波。当人们考虑到某些 t 值的序列中发生的一些奇怪的事情时，就会出现争议。在我们的示例中，尽管随着添加更多项，曲线变得更接近方波，但我们可以在图表上看到，每条傅立叶曲线在方波跳跃的地方"超过"方波。尽管随着包含的项越来越多，问题区间变得越来越窄，但超调的高度仍保持在方波上方和下方 9% 左右。这种效应称为吉布斯现象。

现在，汤姆逊在地窖的阅读使他熟悉了傅立叶分析，他立即认识到潮汐的模式也可以分解为正弦波的总和。根据太阳和月球的相对运动，他知道各个潮汐分量的频率 v_n，但不知道它们的大小。所以他提出的潮汐高度随时间变化的模型是

$$f(t) = A_0 + A_1 \sin(v_1 t) + B_1 \sin(v_1 t) + A_2 \sin(v_2 t) + B_2 \sin(v_2 t) + \cdots$$

汤姆逊的任务是根据历史记录确定给定位置的 A_s 和 B_s 的值。有超过 100 个频率 v_n，但大多数分析仅使用其中最大的 25 个。

对于我们的示例，为简单起见，我们仅使用两个频率和正弦：

$$f(t) = A_0 + A_1 \sin(t) + A_2 \sin(1.5678\,t)。$$

我们从历史潮汐值中找到 A_0，如图 58 所示。方程中的两个正弦项以平均值零振荡，因为每项在零以下和在零以上所花费的时间相同。因此，要估计 A_0，我们可以简单地计算一段时间内潮汐的平均值。图 58 中的虚线曲线表示从 $t=0$ 开始测量的累积平均潮汐值。正如我们所看到的，从长远来看，平均值会稳定在 $A_0 = 5$。

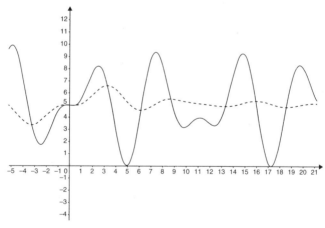

图 58　虚构地点的潮汐（虚线表示从 $t=0$ 到 t 当前值的平均潮汐）

现在我们知道潮汐函数是

$$f(t) = 5 + A_1 \sin(t) + A_2 \sin(1.567\,8t)。$$

我们的下一个任务，即找到 A_1 和 A_2，是以一种极其巧妙的方式完成的。要找到 A_1，请将方程乘以 $\sin(t)$，即

$$f(t) \cdot \sin(t) = 5\sin(t) + A_1 \sin^2(t) + A_2 \sin(1.567\,8t) \cdot \sin(t)。$$

这个新函数的长期平均值是多少？$5\sin(t)$ 是一个正弦波，它在零以上花费的时间与在零以下花费的时间一样多，所以它的平均值为零。$\sin(1.567\,8t) \cdot \sin(t)$ 项是两个正弦波的乘积。它们在零以上花费的时间和零以下花费的时间一样多，并且由于它们以彼此无关的频率上、下循环，因此从长远来看，它们的乘积也平均为零。因此，$f(t) \cdot \sin(t)$ 的平均值等于 $A_1 \sin^2(t)$ 的平均值。利用微积分的技巧，我们知道 $A_1 \sin^2(t)$ 的平均值是 $A_1/2$。因此，要找到 A_1，我们要做的就是找到 $f(t) \cdot \sin(t)$ 的长期平均值，并将结果乘以 2。这在图 59 中完成。正如我们所见，平均值逐渐减小。如果我们让图表继续向右延伸足够远，我们会看到它稳定在 1.5。因此，$A_1 = 1.5 \times 2 = 3$。

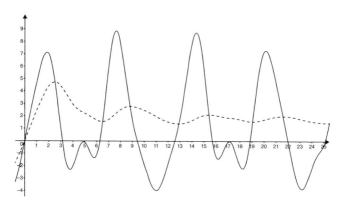

图 59　求出参数 A_1 的值

现在我们有

$$f(t) = 5 + 3\sin(t) + A_2\sin(1.567\,8t),$$

剩下的就是找到 A_2。我们以与找到 A_1 相同的方式进行此操作，这次将 $f(t)$ 乘以 $\sin(1.567\,8t)$。我们得到结果 $A_2 = -2$，并且我们找到了潮汐函数：

$$f(t) = 5 + 3\sin(t) - 2\sin(1.567\,8t)。$$

当然，随着时间的推移，我们的公式生成的预测将变得不太可靠。但当预测开始动摇时，我们可以重新开始并重复分析。

在我们的简化案例中，我们将潮汐分成两个正弦波。在实际情况中，潮汐预报器使用大约25个组件。生成完整的潮汐公式所需的计算量是惊人的。尽管今天的计算机可以轻松处理它，但在汤姆逊所处的时代，即使是科学计算器仍然是一个白日梦。幸运的是，需要是发明之母。汤姆逊的兄弟詹姆斯发明了一种机器，即谐波分析仪[图60（a）]，它可以计算地球、太阳和月球相互作用产生的各种频率的三角级数系数。11个"球盘积分器"中的每一个都确定特定频率的参数。一旦谐波分析仪完成其工作，系数就会传递到潮汐预报器[图60（b）]。该设备本质上完成了图形计算器的工作，绘制谐波分析仪生成的潮汐函数的值。每个滑轮和曲柄都对应一定频率的正弦和余弦。如图60（b）所示，滑轮和曲柄连接在一起，可以绘制出一张图表，可以根据需要预测未来的潮汐。至少在20世纪60年代之前，汤姆逊的发明及其后继者都以这种方式预测潮汐。

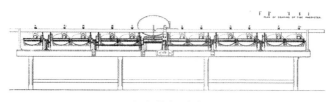

（a）谐波分析仪

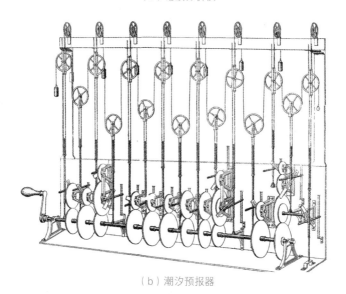

（b）潮汐预报器

图 60　汤姆逊的兄弟发明的谐波分析仪和潮汐预报器

　　最后，我们注意到本章在概念上发生了微妙而根本的转变。截至目前，我们一直将三角函数视为几何实体，即直角三角形内的长度之比。在求解三角形时，我们考虑了函数的几何定义。当我们构建三角表时，我们使用了几何定理。当我们证明恒等式时，我们有时会涉及代数，但其基本原理仍然是几何的。在本章中，我们几乎忘记了正弦和余弦是几何实体。对于潮汐来说，每个正弦和余弦只是一个在其极值-1和1之间振荡的量。虽然我们的工作具有几何含义，但数学本身主要是代数或解析的。

这一新观点反映了17世纪和18世纪随着笛卡儿坐标和微积分的发明，整个数学领域发生的重大转变。几何逐渐从综合的（欧几里得的风格）转变为分析的。基本的数学对象——最初是点、线、形状及数字——变成了接受输入量并产生输出量的函数。这种新方法在应用于我们的物理世界时非常强大，早在中学时就已成为数学的基础。尽管三角学是这一变化的后来者，但它很快就成为一个重要的贡献者。在第六章中，我们将了解如何推动三角学跨越综合与分析的鸿沟。

第六章

……乃至更复杂的事物

布鲁克·泰勒的级数在很多方面都表现得非常出色，是18世纪发现的最早的泰勒级数之一，也是最简单的级数之一。

指数函数的泰勒级数：

$$e^x = 1 + \frac{x}{1!} + \frac{x^2}{2!} + \frac{x^3}{3!} + \frac{x^4}{4!} + \frac{x^5}{5!} + \cdots$$

e是一个无理数，等于2.718 281 828…，是数学中最著名但又神秘的数字之一。它几乎与 π 一样重要，但定义起来却不那么容易。一种方法是考虑一个初始余额为1美元、年利率为100%的银行账户。如果年底计算利息，我们就有2美元。如果按月复利计算，一年后复利的力量会将我们的总额增加到2.61美元。如果按日复利计算，我们将有2.71美元。复利越频繁，我们拥有的钱就越多，但它不会无限制地增长，越来越接近2.718 281 828美元，或者e。也可以将e定义为总和：

$$e = 1 + \frac{1}{1!} + \frac{1}{2!} + \frac{1}{3!} + \frac{1}{4!} + \frac{1}{5!} + \cdots$$

上式是将$x = 1$代入上面的泰勒级数后得到的结果。一直有一个谣言称e的发现者莱昂哈德·欧拉（Leonhard Euler）以自己的名字命名了它。不要相信这个谣言。可能的真相为：欧拉在文章《最近对大炮发射实验的思考》（*Meditation on experiments made recently on the firing of cannon*）中引入了字母e，可能是因为他尚未使用该字母来代表文章中的其他任何内容。

e^x的泰勒级数看起来与正弦的泰勒级数和余弦的泰勒级数非常相似：

正弦泰勒级数：$\sin \theta = \theta - \frac{\theta^3}{3!} + \frac{\theta^5}{5!} - \frac{\theta^7}{7!} + \frac{\theta^9}{9!} - \frac{\theta^{11}}{11!} + \frac{\theta^{13}}{13!} - \cdots$

余弦泰勒级数：$\cos \theta = 1 - \frac{\theta^2}{2!} + \frac{\theta^4}{4!} - \frac{\theta^6}{6!} + \frac{\theta^8}{8!} - \frac{\theta^{10}}{10!} + \frac{\theta^{12}}{12!} - \cdots$

如果我们将正弦泰勒级数和余弦泰勒级数加在一起，它们会像拉链一样折叠在一起，并且几乎与e^x的泰勒级数相匹配：

$$\cos\theta + \sin\theta = 1 + \theta - \frac{\theta^2}{2!} - \frac{\theta^3}{3!} + \frac{\theta^4}{4!} + \frac{\theta^5}{5!} - \frac{\theta^6}{6!} - \frac{\theta^7}{7!} + \cdots$$

如果没有交替的"+"和"−"符号，这将是完美的匹配。这会非常奇怪，因为正弦和余弦属于几何世界，而指数函数处理完全不同的增长和衰退现象。也许这只是一个巧合。

18世纪早期的数学家并不那么确定。随着微积分开始被确立，三角函数和指数函数这两个看似不同的领域之间的奇妙相似之处也开始出现。例如，根据微积分，考虑以下一对积分：

$$\int \frac{1}{\sqrt{1-x^2}}\,dx = \sin^{-1}x;$$

$$\int \frac{1}{\sqrt{x^2-1}}\,dx = \ln(\sqrt{x^2-1} + x)。$$

这两个方程左侧之间的唯一区别是 $\sqrt{1-x^2}$ 与 $\sqrt{x^2-1}$。仅当 x 在 −1 和 1 之间时，我们才能使用第一个积分；只有当 x 不在 −1 和 1 之间时，我们才能使用第二个积分。否则，我们将取负数的平方根。然而，这些几乎相同的积分中的第一个产生反三角函数，而第二个产生自然对数 e^x 的反函数。罗杰·科茨（Roger Cotes，1682—1716）在编写《和谐测量》（*Harmonia mensuraum*）中的积分列表时注意到了这一特性，《和谐测量》因科茨发现的这一对称性和其他对称性而得名。

欧拉公式和恒等式

如果能够以某种方式求出负数的平方根，那么我们将实现最不可能的数学"联姻"。两个世纪前，在研究某些三次方程的解时就已经考虑到了这种不可思议的可能性。通过允许"虚"数存在，至少是暂时的存在，普通代数无法解决的方程可以得到解决。但这只是一场游戏：在解决方案被称为"真实"之前，人们总是必须回到普通数字的世界。允许这些虚数存在，即使是暂时的，是有争议的，甚至危险的举动。数学不是一门可以在某事物不存在时就断言它存在的学科。

但冒险总是伴随着一点风险，所以让我们想象一下，看看会发生什么。称 i（"虚数"）为 −1 的平方根。显然 $i^2 = -1$。我们可以很容易地找到 i 的更高幂：i^3 等于 $i^2 \cdot i = -i$，然后i^4等于$i^2 \cdot i^2 = -1 \cdot -1 = 1$，依此类推。以这种方式继续，i 的幂如下：

$$i, \ -1, \ -i, \ 1, \ i, \ -1, \ -i, \ 1, \ i, \ -1, \ -i, \ 1, \cdots$$

这个序列中"+"和"−"项的模式应该看起来非常熟悉——这就是我们在组合正弦泰勒级数和余弦泰勒级数时看到的结果。我们可以以一种非常聪明的思维方式使用这种模式：在e^x的泰勒级数中设$x = i\theta$，则有

$$e^{i\theta} = 1 + i\theta + \frac{i^2\theta^2}{2!} + \frac{i^3\theta^3}{3!} + \frac{i^4\theta^4}{4!} + \frac{i^5\theta^5}{5!} + \frac{i^6\theta^6}{6!} + \frac{i^7\theta^7}{7!} + \cdots$$

$$= 1 + i\theta - \frac{\theta^2}{2!} - i\frac{\theta^3}{3!} + \frac{\theta^4}{4!} + i\frac{\theta^5}{5!} - \frac{\theta^6}{6!} - i\frac{\theta^7}{7!} + \cdots$$

如果我们将涉及 i 的项与其他项分开，奇迹就会发生：

$$e^{i\theta} = \left(1 - \frac{\theta^2}{2!} + \frac{\theta^4}{4!} - \frac{\theta^6}{6!} + \cdots\right) + i\left(\theta - \frac{\theta^3}{3!} + \frac{\theta^5}{5!} - \frac{\theta^7}{7!} \cdots\right)。$$

我们的级数已完美地"解压缩"为余弦泰勒级数和正弦泰勒级数！三角函数和指数函数的结合现已在欧拉公式中完成：

$$e^{i\theta} = \cos\theta + i\sin\theta。$$

更好的是：如果我们代入 $\theta = \pi$，就得到了通常被认为是所有数学中最美丽的方程：$e^{i\pi} = -1$，或欧拉恒等式：

$$e^{i\pi} + 1 = 0。$$

这个公式包含数学中五个最重要的数字（0、1、e、π 和 i）和三个最重要的运算（加法、乘法和求幂）——令人震惊的是，将所有这些不相关的概念结合在一起的方程显然是正确的。

我们可以进一步扩展幻想。如果我们将 $-i\theta$ 代入欧拉公式的指数，我们得到：

$$e^{-i\theta} = \cos\theta - i\sin\theta。$$

将其与原来的欧拉公式结合起来，进行代数运算，可得

$$\cos\theta = \frac{e^{i\theta} + e^{-i\theta}}{2} \quad \text{和} \quad \sin\theta = \frac{e^{i\theta} - e^{-i\theta}}{2i}。$$

换句话说，我们现在可以使用指数函数完全重新定义余弦和正弦，前提是我们允许将它们提升到虚数幂。

有人可能会想，玩这个游戏有什么好处呢？它能帮助我们更好地学习三角学吗？事实确实如此。例如，我们可以

通过这种方式更快地得出一些恒等式。回想一下我们在第四章中看到的乘积与和恒等式，当时我们依靠正弦和余弦角和差定律推导出它们。现在我们可以用代数直接找到它们。例如，

$$\sin\alpha\,\sin\beta = \frac{e^{i\alpha} - e^{-i\alpha}}{2i} \cdot \frac{e^{i\beta} - e^{-i\beta}}{2i}$$

$$= \frac{e^{i(\alpha+\beta)} - e^{i(\alpha-\beta)} - e^{-i(\alpha-\beta)} + e^{-i(\alpha+\beta)}}{-4}$$

$$= \frac{1}{2}\left(\frac{(e^{i(\alpha-\beta)} + e^{-i(\alpha-\beta)}) - (e^{i(\alpha+\beta)} - e^{-i(\alpha+\beta)})}{2}\right)$$

$$= \frac{1}{2}(\cos(\alpha-\beta) - \cos(\alpha+\beta))_{\circ}$$

我们将把从欧拉公式导出正弦和余弦角和差定律作为一项挑战。

我们仍然面临一个令人不安的问题：这些想象有现实依据吗？我们似乎正在建造一座纸牌屋：通过简单地假设i存在（这似乎显然是不可能的），我们将整个建造建立在一个可能的谬误之上。意识到我们几千年来一直在做这种事情，也可能不会让你感到多少安慰。例如，数字$\sqrt{2}$是多少？显然，它是"平方为2的数"。但我们怎么知道有这样一个数字呢？

常见的回答是指向两条短边长度为1的直角三角形，它的斜边长度为 $\sqrt{2}$ 。然而，这只会加深谜团。给定单位长度，存在满足条件的线段，但这并不意味着存在满足条件的数字。古希腊人根本不认为无理数是数字，只接受整数及其比率。$\sqrt{2}$ 是线段，不是比率。所以我们以前就遇到过类似的麻烦。事实上，说到数学幻想，在当今我们已经远远超出了虚数的范畴。要了解更多信息，请查找四元数和八元数。

阿尔冈图与棣莫弗公式

虚数现在是科学技术的核心，用于电磁波、蜂窝和无线技术及流体动力学的研究。因此，我们有责任让虚数变得更真实、更值得信赖，而不是仅仅说"我们对以前不可能的事情抱有信心"。图片可以提供帮助，正如常言所说，眼见为实。我们今天使用的视觉表示是由挪威数学家兼制图师卡斯帕·韦塞尔（Caspar Wessel，1745—1818）首先发现的；九年后，由原本默默无闻的让·罗伯特·阿尔冈（Jean Robert Argand，1768—1822）创作；最后由阿贝·阿德里安·康坦·比埃（Abbé Adrien Quentin Buée，1748—1826）于同年创作。显然，这个想法已经存在。三位发现者几乎都遭遇了被忽视的命运。韦塞尔现在被认为是最初的发现者，但该图仍然以阿尔冈名字命名。

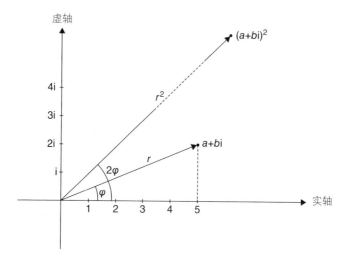

图 61　阿尔冈图（在此例中，$a = 5$，$b = 2$）

在图61中，实数绘制在水平轴上。我们画另一个垂直于它的轴，并将 $i = \sqrt{-1}$ 放置在原点上方一个单位。i的所有倍数（虚数）都出现在这条纵轴上。通过这些轴，我们可以在页面上找到任何实数和虚数的总和，例如5 + 2i。这种实数和虚数的组合称为复数。通常称 a 为实部（在此例中为5），称 b 为虚部（在此例中为2）。

阿尔冈图允许我们在平面上定位复数，但它的作用远不止于此。

将每个复数视为从原点出现的向量（或有向线段）。该向量的长度 r 称为模数；在我们的例子中，$r = \sqrt{5^2+2^2} = \sqrt{29} \approx 5.385$。向量与实数线（参数）所成的角度为 $\varphi = \tan^{-1}\dfrac{b}{a}$；在我们的例子中，$\varphi \approx 0.380\,5$弧度$=21.8°$。这为我们提供了一种新的、紧凑的复数书写方式。由于 $a = r\cos\varphi$ 且 $b = r\sin\varphi$，我们可以使用欧拉公式：

$$a + b\mathrm{i} = r\cos\varphi + \mathrm{i} \cdot r\sin\varphi = r\mathrm{e}^{\mathrm{i}\varphi}。$$

在我们的例子中，$5 + 2\mathrm{i} \approx 5.385\mathrm{e}^{0.380\,5\mathrm{i}}$。

我们的新符号解释了阿尔冈图如此有用的原因。如果对复数$5 + 2\mathrm{i}$进行平方，我们会得到

$$(5 + 2\mathrm{i})^2 = 25 + 10\mathrm{i} + 10\mathrm{i} - 4 = 21 + 20\mathrm{i}。$$

这个平方与原来的量有什么关系？我们新的紧凑形式让我们看得更清楚：

$$(5.385\mathrm{e}^{0.380\,5\mathrm{i}})^2 = 5.385^2 \cdot \mathrm{e}^{2 \cdot 0.380\,5\mathrm{i}} = 29\mathrm{e}^{0.761\,0\mathrm{i}}。$$

因此，复数的平方仍是一个向量，其长度（模数）是原始向量模的平方，但其角度（参数）是原始向量角度的两倍!

通过这个算术，我们可以看到，对于复数的三次方、四次方或任何其他次幂，也会发生类似的情况。复数的模数按立方或四次方增长，依此类推；但角度是三倍、四倍等。这种令人惊讶的特性给了阿尔冈平面一个值得我们关注的充分理由。它让我们第一次对复数的几何有了了解。

这里的模数和论证使我们走得更远。总结上述对于任意幂 n 的算术，我们有

$$(r\cos\theta + i \cdot r\sin\theta)^n = (re^{i\theta})^n = r^n e^{in\theta} = r^n(\cos n\theta + i\sin n\theta)。$$

如果我们同时消掉这个方程左、右两边的 r^n，就得到下面的棣莫弗公式：

$$(\cos\theta + i\sin\theta)^n = \cos n\theta + i\sin n\theta。$$

这个看似平常的方程使我们能够将更多的几何转化为代数。在第三章即将结束时，我们开发了正弦和余弦的倍角公式、三倍角公式和多倍角公式，以便构建三角表。棣莫弗公

式为我们提供了一个简单的工具，可以以完全不同的方式生成这些公式。例如，对于三倍角公式，将 $n = 3$ 代入棣莫弗公式的左侧并展开：

$$(\cos \theta + i \sin \theta)^3 = \cdots = \cos^3 \theta - 3 \sin^2 \theta \cos \theta +$$
$$i (3 \cos^2 \theta \sin \theta - \sin^3 \theta) \text{。}$$

棣莫弗公式告诉我们，这个表达式的实部必须是 $\cos 3\theta$，虚部（乘以 i 的部分）必须是 $\sin 3\theta$。所以

$$\cos 3\theta = \cos^3 \theta - 3 \sin^2 \theta \cos \theta \text{。}$$

且

$$\sin 3\theta = 3 \cos^2 \theta \sin \theta - \sin^3 \theta \text{。}$$

如果在第一个表达式中将 $\sin^2 \theta$ 替换为 $1 - \cos^2 \theta$，在第二个表达式中将 $\cos^2 \theta$ 替换为 $1 - \sin^2 \theta$，我们立即得到两个三倍角公式：

$$\cos 3\theta = 4 \cos^3 \theta - 3 \cos \theta \ \text{和} \ \sin 3\theta = 3 \sin \theta - 4 \sin^3 \theta \text{。}$$

只要我们有耐心（或有软件）做代数，就可以得到正弦和余弦的任何 n 倍角公式。

双曲函数

让我们回到指数和虚数对余弦和正弦的定义：

$$\cos\theta = \frac{e^{i\theta}+e^{-i\theta}}{2} \text{ 和 } \sin\theta = \frac{e^{i\theta}-e^{-i\theta}}{2i} \text{。}$$

我们成功地将虚数带入了这个世界，受此鼓舞，让我们考虑一下，如果允许这些函数中的角度也为虚数，会发生什么？结果令人惊讶：当角度为虚数时，指数幂中的虚数就完全消失了！

$$\cos i\theta = \frac{e^{i(i\theta)}+e^{-i(i\theta)}}{2} = \frac{e^{-\theta}+e^{\theta}}{2} \text{，}$$

$$\sin i\theta = \frac{e^{i(i\theta)}-e^{-i(i\theta)}}{2i} = \frac{e^{-\theta}-e^{\theta}}{2i} \text{。}$$

这些方程的微小重新排列给出了双曲三角函数的标准定义：

$$\cosh\theta = \cos i\theta = \frac{e^{\theta}+e^{-\theta}}{2} \text{，}$$

$$\sinh\theta = -i\sin i\theta = \frac{e^{\theta}-e^{-\theta}}{2} \text{。}$$

这些定义中有几个谜团：为什么用"双曲余弦"和

"双曲正弦"来命名这些特定的量？为什么称它们是"双曲"的？这些问题可以追溯到18世纪50年代和60年代。毫不奇怪的是，现在看来，不同的人独立工作，并同时解决这些问题。他们是温琴佐·里卡蒂（Vincenzo Riccati，1707—1775）和约翰·海因里希·兰伯特（Johann Heinrich Lambert，1728—1777），里卡蒂是雅各布（Jacopo）的儿子，里卡蒂微分方程就是以他的名字命名的，而兰伯特受到了弗朗索瓦·达维耶·德·丰塞内克斯（François Daviet de Foncenex，1734—1799）的初步研究的启发。兰伯特是欧拉晚年的同事和朋友。他最著名的是设计了七个新的地图投影并证明了π是无理数。虽然里卡蒂是第一个发表有关双曲函数的文章的人，但兰伯特将这个主题置于数学背景下，吸引了更多同行的关注。兰伯特的名字与这一主题联系最为紧密。

正是在证明π的无理性的文章中，兰伯特引入了双曲函数。正是在这里，我们明白了为什么使用术语"正弦"、"余弦"和"双曲"。回想一下，现代正弦函数和余弦函数的含义来自图62中心的单位圆 $x^2 + y^2 = 1$：在这个圆中，θ 的余

弦是 x 坐标，θ 的正弦是 y 坐标。我们知道 $\cos^2\theta + \sin^2\theta = 1$。当我们对 $\cosh a$ 和 $\sinh a$ 求平方时，是否会发生类似的情况？使用指数定义，我们得到：

$$\cosh^2 a = \frac{1}{4}(e^{2a} + 2 + e^{-2a}) \text{ 和 } \sinh^2 a = \frac{1}{4}(e^{2a} - 2 + e^{-2a})。$$

如果我们从另一个中减去一个，我们最终会得到：

$$\cosh^2 a - \sinh^2 a = 1。$$

这几乎就是毕达哥拉斯定理，但符号交换了。那么 $\cosh$ 和 $\sinh$ 并不位于单位圆 $x^2 + y^2 = 1$ 上，而是位于单位双曲线 $x^2 - y^2 = 1$ 上（图62）。

大家可能已经注意到，我们将双曲三角函数的参数名称从 θ 更改为 a。下面从考虑我们最终将其称为 $\cosh\theta$ 的 $\cos(i\theta)$ 的含义着手，开始我们的双曲之旅。原本 θ 是图62中单位圆内与 x 轴的夹角，但是如果我们乘以 i，它会变成什么？没有理由说它仍然应该是一个角度。事实证明，双曲函数的参数不再是夹角，而是一个称为双曲角大小的量，即图62中的阴影区域的面积。虽然双曲角 a 和普通角 θ 不再完全代表同样的事物，但是它们之间还是有相似之处的。当角度从0增大到 θ 时，单位圆内扫过的面积等于 $\theta/2$；当双曲角从0增大到 a 时，单位双曲线内扫过的面积等于 $a/2$。

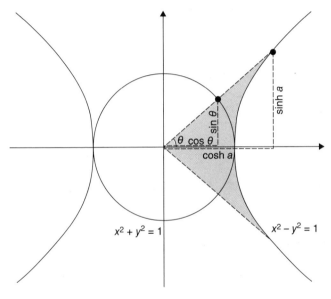

图62 使用单位双曲线定义双曲函数

三角函数和双曲函数之间有一个很好的类比。是否足以证明将新函数称为"三角函数"？兰伯特是这么想的。在后来的论文中，他注意到相应的正切函数也是相关的。从图62中两个相似的虚线三角形，我们可以立即看出：

$$\frac{\sin \theta}{\cos \theta} = \frac{\sinh a}{\cosh a} \text{。}$$

换句话说，若我们按照通常的方式将"tanh"定义为"sinh"除以"cosh"，则 $\tan \theta = \tanh a$。根据三角函数和双曲函数之间的类比和其他类比，兰伯特断言，在他使用术语"双曲正弦"和"双曲余弦"时，"与三角术语的原始含义没有任何矛盾"。

当我们考虑双曲恒等式时，相似之处仍在继续。例如，考虑双曲余弦和定律，它可以从双曲余弦的定义导出：

$$\begin{aligned}
\cosh(\alpha + \beta) &= \frac{e^{\alpha+\beta} + e^{-\alpha-\beta}}{2} = \frac{2e^{\alpha+\beta} + 2e^{-\alpha-\beta}}{4} \\
&= \frac{(e^{\alpha+\beta} + e^{-\alpha-\beta} + e^{\beta-\alpha} + e^{\alpha-\beta}) + (e^{\alpha+\beta} + e^{-\alpha-\beta} - e^{\beta-\alpha} - e^{\alpha-\beta})}{4} \\
&= \left(\frac{e^{\alpha} + e^{-\alpha}}{2}\right)\left(\frac{e^{\beta} + e^{-\beta}}{2}\right) + \left(\frac{e^{\alpha} - e^{-\alpha}}{2}\right)\left(\frac{e^{\beta} - e^{-\beta}}{2}\right) \\
&= \cosh \alpha \cosh \beta + \sinh \alpha \sinh \beta \text{。}
\end{aligned}$$

与普通的余弦和角定律对比一下：

$$\cos(\alpha + \beta) = \cos \alpha \cos \beta - \sin \alpha \sin \beta \text{。}$$

双曲正弦和定律也会发生类似的情况：

$$\sinh(\alpha + \beta) = \cosh \alpha \sinh \beta + \sinh \alpha \cosh \beta \text{。}$$

与普通的正弦和角定律对比一下：

$$\sin(\alpha + \beta) = \cos \alpha \sin \beta + \sin \alpha \cos \beta \text{。}$$

这样的例子不胜枚举。以下是其他一些双曲恒等式，同时列出了它们的三角恒等式：

双曲正弦双倍参数公式：

$$\sinh 2x = 2 \sinh x \cosh x$$

$$\sin 2x = 2 \sin x \cos x$$

双曲正弦三倍参数公式：

$$\sinh 3x = 3 \sinh x + 4 \sinh^3 x$$

$$\sin 3x = 3 \sin x - 4 \sin^3 x$$

双曲正弦积化和公式：

$$\sinh x \sinh y = \frac{1}{2}(\cosh(x+y) - \cosh(x-y))$$

$$\sin x \sin y = \frac{1}{2}(\cos(x-y) - \cos(x+y))$$

双曲正弦和化积公式:

$$\sinh x + \sinh y = 2\sinh\left(\frac{x+y}{2}\right)\cosh\left(\frac{x-y}{2}\right)$$

$$\sin x + \sin y = 2\sin\frac{x+y}{2}\cos\frac{x-y}{2}$$

每对公式本质上是相同的,除了偶尔的符号从"+"变为"−"或反之。G.奥斯本(G. Osborn)在1902年出版的《数学公报》(*Mathematical Gazette*)中注意到了这些符号变化,其特征如下:

奥斯本规则:任何三角恒等式都可以通过将sin / cos变为sinh / cosh而转换为双曲恒等式。每当一个项包含正弦的平方时,它前面的符号就应该被取反。

例如,考虑正切和角公式:

$$\tan(\alpha+\beta) = \frac{\tan\alpha + \tan\beta}{1 - \tan\alpha\tan\beta}。$$

其中分子中的两个正切都是正弦除余弦,因此不存在正弦乘积。但tan α tan β是(sin α/ cos α) · (sin β/ cos β)。它包含两个正弦的乘积,奥斯本告诉我们前面的符号必须反转。这样我们就得到正确的公式:

$$\tanh(\alpha+\beta)=\frac{\tanh\alpha+\tanh\beta}{1+\tanh\alpha\,\tanh\beta}\,。$$

当我们进入微积分的世界时，这种奇怪的相似之处仍在继续。这里有一些例子：

$(\sin\theta)'=\cos\theta$ $\qquad\qquad$ $(\sinh a)'=\cosh a$

$(\cos\theta)'=-\sin\theta$ $\qquad\qquad$ $(\cosh a)'=\sinh a$

$(\tan\theta)'=\sec^2\theta$ $\qquad\qquad$ $(\tanh a)'=\mathrm{sech}^2 a$

$\displaystyle\int\tan x\,\mathrm{d}x=-\ln|\cos x|+C$ $\qquad$ $\displaystyle\int\tanh a\,\mathrm{d}a=\ln|\cosh a|+C$

$\displaystyle(\sin^{-1}x)'=\frac{1}{\sqrt{1-x^2}}$ $\qquad$ $\displaystyle(\sinh^{-1}x)'=\frac{1}{\sqrt{1+x^2}}$

$\displaystyle(\tan^{-1}x)'=\frac{1}{1+x^2}$ $\qquad$ $\displaystyle(\tanh^{-1}x)'=\frac{1}{1-x^2}$

$\displaystyle\int\sin^{-1}x\,\mathrm{d}x=x\sin^{-1}x+$ $\qquad$ $\displaystyle\int\sinh^{-1}x\,\mathrm{d}x=x\sinh^{-1}x-$

$\qquad\qquad\sqrt{1-x^2}+C$ $\qquad\qquad\qquad\qquad\sqrt{1+x^2}+C$

如果大家以前不相信，也许现在已经相信了。双曲正弦和双曲余弦完全配得上它们吉祥的名字。

与悬链线一起闲逛

我的一位朋友是一名焊工和承包商，当我怀着敬畏的心情描述纯数学的奇迹时，他对我非常地有耐心。但最后，他总是把我带回现实：这一切有什么好处？在我们周围的世界哪里可以看到它？这是一个重要的问题。世界充满奇迹，但必须有人去建造它。我们需要一些微积分来完全回答有关双曲函数的问题，因此我们不会在这里详细介绍。我们首先观察到指数函数和三角函数与其导数具有简单的关系。例如，e^x 是它自己的导数；$\sin \theta$ 的二阶导数就是 $-\sin \theta$。现实生活中的许多情况都涉及简单的变化率陈述：例如，牛顿冷却定律断言，放在房间里的一杯咖啡的温度以与咖啡温度和室温之间的差异成正比的速度冷却。事实证明，e^x 的导数的简单性使我们能够将其与牛顿冷却定律结合使用。最后，我们发现咖啡的温度按照指数衰减定律冷却。

类似的情况也适用于三角函数。考虑一个悬挂在天花板上并附有重物的弹簧。让弹簧运动。弹簧的运动受到三种力的影响：重力、将弹簧拉回到平衡状态的力（胡克定律）及空气施加的使弹簧减速的力（黏性阻尼）。这些力的总和等于质量乘以加速度。加速度是位置的二阶导数，而正弦的二阶导数正好是正弦的负数。因此，就像牛顿冷却定律一样，正弦函数进入弹簧路径是很自然的；代表其振动的是正弦函数。

　　接下来，考虑悬挂在两个杆之间的链条，如图63所示。三个力作用在悬链的任何给定部分上：自身质量向下拉、低点处水平施加的拉力及高点处的沿曲线方向拉力。当链条静止时，这三种力彼此完美平衡。再次，这种平衡产生了一个代表曲线变化率（导数）的方程。推导曲线方程超出了本书的范围。但这种情况下，双曲函数导数的简单性再次提供了解决问题的关键。结果是 $y = \cosh x$（图64）。

图63　一条悬链

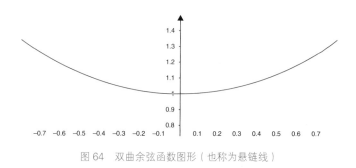

图 64　双曲余弦函数图形（也称为悬链线）

这条曲线被称为悬链线，源自拉丁语中的"链条"一词，人们在整个17世纪都在研究它。伽利略将这条链近似为抛物线；直到微积分出现后，许多科学家（包括胡克、莱布尼茨、惠更斯和约翰·伯努利）才发现了这条链的真正本质。这些学者都没有使用双曲余弦的语言——那是近一个世纪后的事。他们的解决方案仅涉及函数的指数表示。

我们将注意力从悬链转向一个显然不相关的问题：构建拱门的最佳形状。如果仅由自身质量支撑，将向下的重力转化为沿拱形曲线方向挤压的压缩力，拱形将特别稳定。否则，重力就会不断地作用，导致拱门倒塌。罗伯特·胡克（Robert Hooke，1635—1703）似乎是第一个认识到解决方案的人：最稳定的拱门就是一个倒置的悬链线。作用在拱上的重力与作用在吊链上的拉力相对应。在这两种情况下，这些力在指向曲线方向时最为稳定。胡克于1675年以拉丁语字谜形式加密发表了他的作品。在一个"出版或灭亡"并不是所有学术界都遵循的时代，这样可以使胡克成为唯一的知情者，但如果其他人之后再发现解决方案，也可以要求优先权。胡克去世两年后，他的遗嘱执行人公布了解决方案供所有人查看。

世界各地的许多建筑物中都有悬链线拱门。最著名的是圣路易斯的大拱门（图65）。其他包括意大利佛罗伦萨的布鲁内莱斯基圆顶、布达佩斯火车站及华盛顿特区杜勒斯机场的屋顶。在一些文化中，人们在没有借助微积分的情况下也发现了悬链线：它们存在于因纽特人的冰屋、喀麦隆的泥屋和塔克卡斯拉中。塔克卡斯拉（图66）是一座公元3—6世纪的伊拉克萨珊王朝拱形大厅，高37米。塔克卡斯拉非常稳固，是古城泰西封（Ctesiphon）废墟中至今仍矗立的唯一建筑。本章的探索始于现代早期欧洲虚数的发现，并以近两千年前伊拉克一座宫殿中最令人印象深刻的拱形大厅结束，这是对人类知识的普遍性和多样性的敬仰。

什么是三角学?

图 65　大拱门（圣路易斯，密苏里州）

图 66　塔克卡斯拉

第七章
球面及更多内容

07

在第三章中，我们暂时离开了古代天文学家罗德岛的喜帕恰斯，他确定了太阳绕地球轨道的偏心率并以几何方式计算了正弦表。我们离开的时机恰到好处。在那一刻，喜帕恰斯的下一步是我们无法企及的。现在，我们准备好了。如果大家靠近窗户或在室外，请抬头仰望。如果我们忽略从孩提时代起就一直通过教育在我们大脑中安装的过滤器，那么显而易见的是，地球位于一个非常大的圆顶——天空的中心。现在往下看。地面可能看起来是平坦的，尤其是当我们生活在草原上或海上的船上时；但自古以来人们就知道地球也是一个球体。（不要相信克里斯托弗·哥伦布试图说服西班牙国王地球是圆的故事，这是一个神话。）如果你在海岸边，你可以通过观察远处的船只来确认这一点。如果距离足够远，船体似乎已经沉入水底。事实上，船体已经从地球表面曲率以下的视线中消失了。

　　所以，我们生活在一个大球体上，位于深不可测的更大球体的中心，这个球体的表面包含太阳、月亮、恒星和行星。这种天球的模型被称为浑天仪（图67），已经建造了数千年。如今，它们往往出现在植物园或历史建筑的顶部。天球是恒星运动的场所，包括喜帕恰斯的太阳。然而，人们今天使用的三角学——包括本书截至目前的所有内容——存在于一个非常不同的领域：一个平面，例如一张纸或一块黑板。我们将在未开垦的处女地加入喜帕恰斯，我们将不得不重新开始。

图 67　浑天仪

当转向这个领域时，我们必须准备好放弃许多我们认为自己知道的东西。如果我们在球体上沿直线行走足够长的时间，最终我们会画出一个大圆，回到我们开始的地方。与我们熟悉的平坦表面不同，我们无法随心所欲地旅行；我们距离起点最远的距离是半个大圆。球体上的生活变得更加陌生：想象一下，你和你的朋友从北极点出发彼此的旅行轨迹成直角。当你们都到达赤道时，你们转向对方。当你们相遇时，你们会画出一个有三个直角的三角形（图68）。这个三角形的内角和不是通常的180°，而是270°。

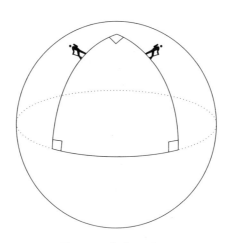

图68　270°球面三角形

让我们考虑其他几个三角形。想象我们站在一个地球大小的球体上，我们在地面上画一个小三角形。它是如此之小，以至于与平面三角形无法区分。由于连接三个顶点的平面三角形上方的球面有非常轻微的凸起，因此角之和大于180°，但仅大于180°。现在考虑赤道上的三个点，每个点相距120°。把它们连接起来，我们得到的是一个三角形还是一个圆形？事实上，两者都是。三个"角"都是180°，所以角之和是540°。球面三角形的角之和可以落在180°和540°两个极值之间的任何位置。

测量长度可能更会让人迷失方向。图68中三角形的边长是多少？

有两种方法可以回答这个问题。首先，请注意，它每条边都是大圆长度的1/4，因此其长度为$\frac{1}{4}(2\pi r) = \pi r/2$。因此，若我们在单位球体上，则长度为π/2。其次，我们可以用弧度来测量边长，在本例中为90°。用弧度来测量边长是一个明显的视角变化，它为我们打开了一扇通往全新三角函数世界的大门。

我们通过天空进入那扇门。再看一下图67中的浑天仪，大家会发现上面有几个平行的圆圈；中间最大的一个称为天赤道。在北半球的夜空中，赤道从地平线上的东点升起，达到南点以上90°减去地球纬度（我们将其写为$\bar{\varphi} = 90° - \varphi$）的最大高度，然后下降回到西点。浑天仪还包含一个以$\varepsilon = 23.4°$角度穿过天赤道的圆，该角度等于地轴的倾斜度。这个圆，即黄道，是太阳在一年中穿过天球的路径，在春分时穿过赤道，如图69中的γ。由于一年大约有365天，并且一个圆有360°，太阳每天沿黄道移动约1°。这两个数字如此接近并不是巧合。古巴比伦天文学家选择将圆分为360°，这样太阳每天就会移动大约1°。

在图69中，太阳移动了大约$\lambda = 60°$，超出了γ，因此现在是5月下旬，即春分后约60天。不幸的是，这些信息并不能帮助我们定位天空中的太阳。在一天中，黄道的位置会发生明显的变化。因此，通常会确定太阳相对于赤道的位置，赤道保持不变。在天球上从太阳到赤道上的J点引垂线。太阳的赤道坐标是赤经α（沿赤道测量）和赤纬δ（与赤道成直角测量）。我们知道λ和ε。我们的目标是找到δ和α。

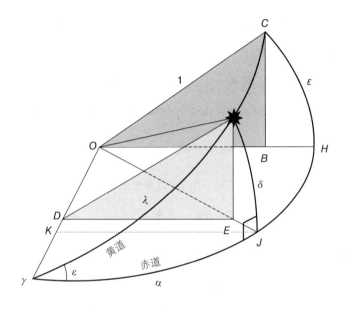

图 69 计算黄道弧的赤纬和赤经

我们首先将球体的中心 O 连接到球体上的各个点。接下来，我们将 C 和✺的垂线放到赤道平面上，然后将所得点 B 和 E 的垂线放到 $O\gamma$ 上，形成两个阴影相似的直角三角形 OBC 和 DE✺。这些三角形中，O 和 D 的角度是多少？想象一下，将图的正面向上倾斜，以便我们从 γ 方向观看它，O 就在后面。从这个角度来看，黄道与 OC 和 D✺重合，而赤道与 OB 和 DE 重合。因此，黄道和赤道之间的角度 ε 等于 O 和 D 处的角度。

现在可以进行一些三角学计算了。在三角形OBC中，已知$OC=1$，$\angle COB = \varepsilon$，因此$BC = \sin\varepsilon$。在三角形✴OD中，由于$\angle$✴$O\gamma$等于弧✴$\gamma = \lambda$，✴O等于1，所以✴$D = \sin\lambda$。最后，考虑三角形EO✴。由于$\angle JO$✴等于弧J✴$= \delta$且O✴$=1$，故E✴$= \sin\delta$。

由于三角形OBC与三角形DE✴相似，故

$$\frac{BC}{OC} = \frac{E✴}{D✴},$$

从而

$$\frac{\sin\varepsilon}{1} = \frac{\sin\delta}{\sin\lambda}。$$

这为我们提供了计算磁偏角的标准公式：

$$\sin\delta = \sin\varepsilon\,\sin\lambda。$$

我们在第四章中使用过这个公式，但现在我们知道它是正确的。根据$\lambda = 60°$和$\varepsilon = 23.4°$，我们计算出$\delta = 20.12°$。

现在我们有了赤纬δ，我们就可以找到赤经α。我们将把它作为一个谜题，并提供一些提示。在图69中，垂直于$O\gamma$画JK。这次相似的直角三角形是OED和OJK。第一步是从三角形DO✴中识别出$OD = \cos\lambda$。剩下的就取决于你了。结论是

$$\cos\lambda = \cos\delta\cos\alpha。$$

由于我们已经知道λ和δ，因此这个公式可以计算α；我们得到$\alpha = 57.83°$。

球面直角三角形的十个公式

我们可以将图69视为天文图，但我们也可以忽略其天文内容，完全从几何角度来思考。通过调用顶点A、B和C（其中C是直角）来重新标记球面直角三角形γ✹J的顶点，并将相应角的相对边称为a、b和c（图70）。我们的赤纬和赤经公式变为

$$\sin a = \sin A\,\sin c$$

和

球面毕达哥拉斯定理：$\cos c = \cos a\cos b$。

后一个公式特别有趣，它对于球面直角三角形的作用与$c^2 = a^2 + b^2$对于平面直角三角形的作用相同：它允许我们在给定其他两条边的长度的情况下找到斜边。我们通常称它为球面毕达哥拉斯定理。

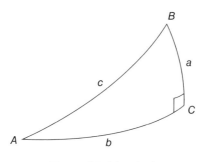

图 70　球面直角三角形

考虑到球面三角形看起来比平面三角形更复杂，这个公式的简单性令人惊讶。虽然看起来不太像$c^2 = a^2 + b^2$，但还是有联系的。回想一下，在大球体上绘制的微小球面三角形几乎是一个平面三角形，而且（来自第五章）

$$\cos\theta = 1 - \frac{\theta^2}{2!} + \frac{\theta^4}{4!} - \frac{\theta^6}{6!} + \frac{\theta^8}{8!} - \frac{\theta^{10}}{10!} + \frac{\theta^{12}}{12!} - \cdots$$

若θ非常小，则每一项都比前一项小得多，我们可以仅用前两项来近似余弦：

$$\cos\theta \approx 1 - \frac{\theta^2}{2!} \, \text{。}$$

对于我们的微小球面三角形，球面毕达哥拉斯定理变为

$$1 - \frac{c^2}{2!} \approx \left(1 - \frac{a^2}{2!}\right)\left(1 - \frac{b^2}{2!}\right)$$

经过整理，我们得到：

$$c^2 \approx a^2 + b^2 - \frac{a^2 b^2}{2} \, 。$$

但如果 a 和 b 都很小，那么 $\frac{a^2 b^2}{2}$ 就比其他项小得多。删除它后我们得到 $c^2 \approx a^2 + b^2$。

截至目前，我们发现的两个球面直角三角形公式只是冰山一角。无须付出太多努力，就可以向列表中添加越来越多的公式。总共可以找到十个：

$$\sin b = \tan a \cot A \, , \qquad \sin a = \sin A \sin c \, ,$$

$$\cos c = \cot A \cot B \, , \qquad \cos A = \sin B \cos a \, ,$$

$$\sin a = \cot B \tan b \, , \qquad \cos B = \cos b \sin A \, ,$$

$$\cos A = \tan b \cot c \, , \qquad \sin b = \sin c \sin B \, ,$$

$$\cos B = \cot c \tan a \, , \qquad \cos c = \cos a \cos b \, 。$$

据我们所知，第一个发现并汇集这十个身份的人可能是格奥尔格·雷蒂库斯。雷蒂库斯因他唯一的学生哥白尼而闻名于世，他最终说服哥白尼发表了日心太阳系理论。但他对三角学特别感兴趣。他是第一个识别并列出所有六个标准三角函数的欧洲人。第一个公布十个恒等式的人是弗朗索瓦·韦达,他的名字与符号代数的发明有关。但这两位杰出人物似乎都没有认识到隐藏在这些恒等式中的惊人对称性。在继续阅读之前,大家可能希望再次检查一遍,看看能发现什么。

要注意的第一个模式是,左列中的每个恒等式由余弦/正弦等于余切/正切乘以余切/正切组成,而右列中的每个恒等式仅包含正弦和余弦。但还有更多。我们可以通过查看列来得到提示。读取左列等号左边的变量,有b、c、a、A、B。在等号的右边,从第四行的$\tan b$开始向下读取变量(到达底部后循环回到顶部):b、c、a、A和B。在表中六列变量的每一列中,我们读取相同的序列:b、c、a、A、B。

约翰·纳皮尔在其1614年出版的《奇妙的对数规律的描述》(*Mirifici logarithmorum canonis descriptio*)中注意到了这种对称性,在同一本书中,他宣布了对数的发现。他使用图71将这些对称性概括如下:

纳皮尔规则：

（1）任意圆形部分的正弦等于与它相邻的两个部分的正切的乘积。

（2）任意圆形部分的正弦等于与它相对的两个部分的余弦的乘积。

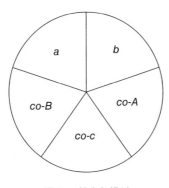

图 71 纳皮尔规则

术语"圆形部分"是指图中的一个切片；"co-"表示我们从正弦/正切切换到余弦/余切，反之亦然。例如，如果我们将纳皮尔规则1应用于切片"co-A"，我们会得到 $\cos A = \tan b \cot c$，即左列中的第四个恒等式。

神奇的五角星

教育界对纳皮尔规则的反应非常积极。多年来，人们发明了各种基于纳皮尔规则的物理设备来帮助记忆这十个恒等式。学者已经记住了这些恒等式，就不那么友善了。19世纪，著名的英国逻辑学家奥古斯都·德·摩根声称，它们"只会制造混乱，而不是帮助记忆"。他们似乎没有意识到，描述对称性的定理是所有数学中最美丽的定理之一。纳皮尔在他关于对数的书中做到了。然而，有一种非常常见的现象（尤其是在今天），它未被教科书收录。尽管该定理很好地解释了对称性，但它并不能帮助学生在考试中解三角形。

值得庆幸的是，我们没有受到考试准备的束缚，我们会进行更深入的研究。在开始之前，我们需要一个简单的事实。若球面三角形的两条边等于90°（图72），则第三条边与这两条边呈直角相交，并且两条边相交的角度θ的大小与第三条边相等。

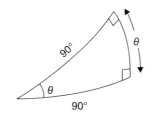

图 72　关于某些球面三角形的简单事实

现在转向我们的定理：在图73中，直角三角形被放置在图的顶部，并且三个边延伸成更长的弧。以 A 为极，绘制赤道 $UWVS$；以 B 为极，绘制赤道 $RXWT$。这给了我们五角星——"神奇的五角星"。（图74标记了所有弧和角的值。请随意到图74中看几段，看看是否很神奇）首先，请注意，构成五角星形"花瓣"的五个三角形都是直角。这是因为每个顶点 S、U、R 和 T 都是从极点出发的弧到达其赤道的地方。接下来，考虑弧 ABS。由于它从 A 极到赤道 US，故它的弧度是 $90°$。但 $AB = c$，所以 $BS = 90° - c$，我们称之为 $\bar{c}$。通过这样的逻辑，我们可以发现任意两个相邻的弧的和都是$90°$。这使我们能够确定 RS、CU 和 CT 上所有弧的长度。

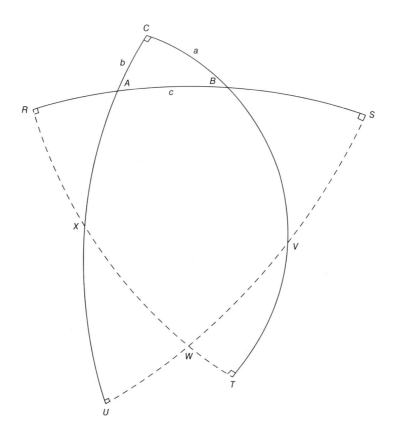

图 73　五角星（虚线弧是对应于 *A* 极和 *B* 极的赤道）

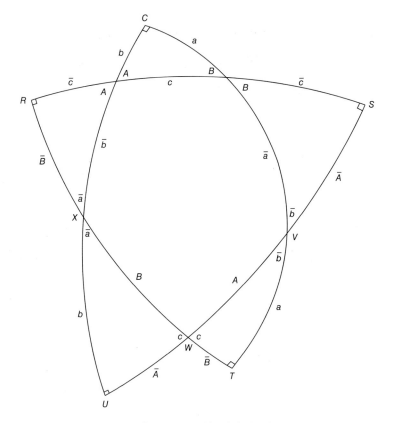

图 74　标记了已知弧线和角度的五角星

我们转向 US 和 RT 的弧线旁边。考虑三角形 AUS。它的两个角都是 $90°$，第三个角度是 $180°-A$。从图 72 可知，$US=180°-A$。但是 $UV=90°$，所以 $SV=180°-A-90°=90°-A=\overline{A}$。类似可知，弧 RT 和三角形 BRT 也是如此。这样我们就可以找到图中所有的弧线了。最后，我们来看看图中缺失的角度。

考虑三角形 WRS。组成 RS 的三个弧加起来为 $180°-c$。根据图 72，这意味着 $\angle XWV=180°-c$。但 $\angle XWV+\angle XWU=180°$，因此 $\angle XWU=c$，我们可以用类似的方法确定其余的角度。现在我们知道了所有的角度和弧度，如图 74 所示。

我们现在可以使用五角星来从前两个恒等式生成所有十个恒等式。取右列顶部的恒等式，$\sin a=\sin A\sin c$。从顶部三角形 ABC 移动到其右侧的三角形 BSV。原来的 a 边现在是 $\overline{A}=90°-A$；原来的 A 现在是 B；原来的 c 现在变成了 a。如果将恒等式应用到三角形 BSV 上，我们得到 $\sin\overline{A}=\sin B\sin\overline{a}$，这与 $\cos A=\sin B\cos a$ 相同。这是右列第二个恒等式！对第三个三角形 VTW 做同样的事情，我们得到第三个恒等式。

第四个恒等式和第五个恒等式也是如此。同样的模式也适用于左列：采用顶部的恒等式，将其一一应用到其他四个三角形，整个列就像变魔术一样出现了。确实，五角星赢得了"mirificum"这个名字。

斜三角形

当我们学习平面三角学时，我们从直角三角形开始，然后转向斜三角形。在球面三角学中也是如此。例如，当我从温哥华飞往埃德蒙顿时，我花了一些时间观看飞行娱乐系统中的机上导航屏幕——一个球面三角仪，比最新的好莱坞大片有趣得多。将温哥华和埃德蒙顿与北极连接起来，形成一个斜球形三角形（图75）。当我们离开温哥华时，我们的航向是北偏东50.7°；当我们到达温哥华时，我们的航向已更改为北偏东58.22°，因此图75中埃德蒙顿的角度为$180° - 58.22° = 121.78°$。当我们离开温哥华时，屏幕显示我们的纬度是北纬49.3°；当我们到达埃德蒙顿时，我忘了检查纬度。我们可以重新找到它吗？

温哥华和埃德蒙顿的纬度为90°减去各自到北极的距离，因此$AC = 90° - 49.3° = 40.7°$。我们需要找到BC。从北极垂线到我们的旅程AB上，将我们的斜三角形分成两个直角三角形。使用左三角形或右三角形，我们可以应用恒等式$\sin a = \sin A \sin c$来得到长度h的方程。我们得到：

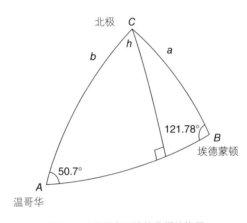

图 75 从温哥华到埃德蒙顿的旅程

$$\sin h = \sin A \sin b \quad 和 \quad \sin h = \sin B \sin a 。$$

这两个公式都包含$\sin h$，因此我们可以将它们设置为彼此相等，从而完全不用计算h，而我们实际上并不关心h。这样，$\sin A \sin b = \sin B \sin a$。重新排列并包括$c$和$C$（因为我们可以从任何顶点应用这个参数），我们有球面正弦定理：$\dfrac{\sin a}{\sin A} = \dfrac{\sin b}{\sin B} = \dfrac{\sin c}{\sin C}$。

这个令人愉快的对称公式看起来与其平面对应公式相似：

平面正弦定理：$\dfrac{a}{\sin A} = \dfrac{b}{\sin B} = \dfrac{c}{\sin C}$。

球面正弦定理给出了 $\sin BC = \sin AC \cdot \sin A / \sin B$，由此我们发现 $BC = 36.4°$。因此埃德蒙顿的纬度为 $90° - 36.4° = 53.6°$。

一个自然的问题出现了。是否也存在球面余弦定理？尽管受篇幅限制,我们无法在此详细讨论，但答案是"是的，然后又是"。回想一下第四章中的余弦定理：

平面余弦定理：$c^2 = a^2 + b^2 - 2ab \cos C$。

球面上也有类似的定理：

球面余弦定理：$\cos c = \cos a \cos b + \sin a \sin b \cos C$。

在这两种情况下，余弦定理都以毕达哥拉斯定理开始，然后附加一个修正项来解释 C 不一定等于90°的事实。为什么"是的，然后又是"可以证明，存在第二个球面余弦定律，该定理专注于角度而不是边：

球面角度余弦定律：$\cos C = -\cos A \cos B + \sin A \sin B \cos c$。

铱星导航

　　球面三角学最初是为天文学家设计的，但我们已经看到，在某些情况下，它可以帮助那些关心地球问题的人。最早的场合是由中世纪的伊斯兰学者提供的，他们用它来解决仪式所需的要求。他们预言了神圣的斋月的开始，就是新月开始时在太阳的光芒中出现新月的时刻。他们还确定了每天五次祈祷的时间，其中一些祈祷需要了解太阳的高度。最终，他们找到了麦加的方向，朝拜者需要面向麦加进行祈祷。还有更多现代的球面三角函数来帮助我们。数学史上最具戏剧性的故事之一是托马斯·哈伯德·萨姆纳船长1837年的冒险经历。他从南卡罗来纳州出发进入大西洋，三周后，他需要航行穿过威尔士和爱尔兰之间的圣乔治海峡前往苏格兰。然而，恶劣的天气和阴暗的天空让他不确定自己的位置，爱尔兰南岸可能致命的岩石正在等待着他。云层暂时散开，这给了他足够的时间来测量太阳的高度，即距地平线$12°10'$。然后，他的创造力可能因生存的风险而增强，他做了

如下推理。地球表面上太阳处于给定高度的位置的集合形成
一个圆，其中心是太阳的地理位置（GP），即地球上太阳正
下方的点（图76）。萨姆纳知道他一定在那个圆上的某个地
方，并且他可以计算出它的位置。

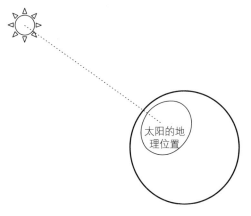

图 76　太阳的地理位置（GP）

（在太阳周围的圆上的每个点，都可以看到太阳处于相同的高度）

　　这样的圆称为小圆，不是因为它小，而是因为它不是大
圆。萨姆纳的圆实际上非常大，大到我们地图上的部分几乎
是直的，称为位置线。非常幸运的是，萨姆纳的位置线碰巧
从东北方向穿过大海（大约在北纬51°、西经8°和北纬5°、西
经52°之间），并且非常接近威尔士南海沿岸的斯莫尔斯灯
塔。尽管萨姆纳不知道自己在这条线上的哪个位置，但他所

要做的就是沿着这条线继续前进。他将确信最终会发现斯莫尔斯灯塔，并从那里他可以导航到安全的地方。

　　无论你身在何处，萨姆纳巧妙推理的延伸使你能够精确定位你在地球上的位置。如果测量一颗恒星的高度会将你置于地球表面的某个小圆圈上，那么测量两颗恒星的高度会将你置于一对圆圈的交点处。这些圆圈相交于两点，其中之一就是你的位置。这两点几乎总是彼此相距很远，如果你无法判断自己是在爱尔兰南海岸还是印度南海岸，那么你遇到的问题比导航所能解决的问题要大。在实际中，你可以通过这种方式确定船舶的位置，精确到1千米以内，并且观测两颗以上恒星的高度可以提高该方法的可靠性。

　　GPS等现代技术已经使得球面三角学的传统做法变得过时，但球面三角学的业余爱好者并不这样认为。在GPS无效时，他们至少还有自己的办法。马里兰州安纳波利斯的美国海军学院是几十年前最后放弃教授球面三角学的机构之一，但受训的军官还是愿意再次接受天文导航方面的指导。GPS系统在冲突时可能被敌人干扰，这可能会导致受到威胁的水手将目光转向天空，而不是呼求神力的帮助，运用古老的聪明才智来拯救自己和他们的船员。

超越欧儿里得

我们已经读过欧儿里得的《几何原本》，它是数学史上最重要的著作之一。即使在欧儿里得所处的时代，该书也没有包含多少新内容。这本书的伟大之处在于欧儿里得呈现这些材料的方式。他有逻辑性地论证了每一个定理，每一个定理都来自他已经建立的定理。当然，要证明任何定理，你都需要从某个地方开始。因此，在书的开头，他列出了五个假设和五个常见概念（现称为公理），但他根本没有证明这些概念。一个好的公理的标志是它是不言而喻的（对任何人来说都是透明的）并且简单。如果要在逻辑过程的基础上做出假设，最好希望它是没有问题的：对任何公理的任何程度的怀疑都会渗透到建立在其基础上的整个系统中。

欧儿里得的一些公理：

* 所有直角都彼此相等。
* 相同的事物彼此相等。
* 若等号与等号相加，则整体相等。

　　很难（大多数人会说不可能）想象这些简单的陈述怎么可能是错误的。如果这些陈述中的任何一个不真实，那么人们根本无法想象数学是怎么一回事了。然而，欧几里得的公理之一，即平行公设，却与其他公理不同：

平行公设：若一条直线落在两条直线上，使得同一边的内角小于两个直角，则两条直线（如果无限产生）会在小于两个直角的那一侧相交。

　　即使要理解这句话的含义也需要花费一点力气，更不用说判断它是否真实或不证自明了。图77中，两条原来的直线是 AB 和 CD；落在它们身上的直线是 EF。根据平行公设，如果图中所画的两个角之和小于两个直角（$<180°$），则 AB 和 CD 的延伸最终一定会在 EF 的右侧相交。

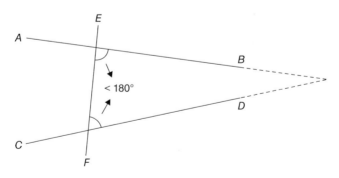

图 77　欧几里得的平行公设

既然你在图上看到了它，你可能更愿意承认该假设是正确的，即使它不像其他公理那么简单。两千多年来，欧几里得的同事或继承者都没有怀疑过它的真实性，尽管他们对此并不满意。欧几里得并不喜欢它。他尽可能避免使用它。整个18世纪，几何学家都将平行公设视为一项挑战：要么从其他公理中证明它，从而将其从"公理"地位中解放出来，要么用另一个更简单、更容易被接受的公理来代替它。可以用来代替平行公设的两个公理：

- 给定一条线和不在其上的点，则恰好有一条线穿过该点且与该线没有其他交点。
- 三角形的内角和为180°。

这两个公理和平行公设在逻辑上都是等价的，也就是说，可以证明这三个公理要么全部为真，要么全部为假。

如果你第一次遇到这些假设，你可能甚至没有考虑它们都是错误的可能性。奇怪的是，在欧几里得所处的时代就已经存在一个反例，这个反例就出现在欧几里得实际撰写的一门学科中：球面几何。正如我们所看到的，如果你在球体表面沿直线行走，就会形成一个大圆。不存在一对平行的大圆。两个不同的大圆总是相交于两点。正如我们所见，球面三角形的内角之和大于180°。

欧几里得和他的同事并不像你一样认为这是一个反例。直线就是直线，当我们从球体外部观察大圆时，就会清楚地看到，大圆不是直的。但是，若我们将欧几里得公理中的"直线"一词替换为"大圆"，则除了平行公设之外，其他公理都成立。如果要从其他公理证明普通直线的平行公设，那么我们只需用"大圆"代替"直线"，就可以得到大圆的证明。然而，这个假设对于大圆来说是错误的。因此，我们知道平行公设永远不能由其他公理证明。

通过三位独立工作的数学家的努力，解决这一逻辑难题的努力在19世纪突然变成了一个更大的难题：卡尔·弗里德里希·高斯（Carl Friedrich Gauss，1777—1855）、鲍耶·亚诺什（Bolyai János，1802—1860）和尼古拉·罗巴切夫斯基（Nikolai Lobachevsky，1792—1856）。三人都考虑过接受平行公设是错误的影响。这怎么可能呢？当我们从球体外部看一个大圆时，它并不是直的。但对于整个宇宙都是球体表面的人来说，它却是完全笔直的。谁是对的？谁说了算？

想象一下，我们是球体表面的居民，我们的整个体验都在球面的一个很小的区域内，以至于表面看起来完全平坦。我们画三角形，它们的内角之和似乎是180°，尽管实际上这个和要大得多。我们人类生活在宇宙的一个很小的角落，我们就像是球体表面的居民一样。即使在今天，我们也不知道宇宙中三角形的内角之和是否为180°。高斯、鲍耶和罗巴切夫斯基不这样认为，并遵循这一主张继续研究。虽然他们发现了越来越奇怪的事实，但没有一个在逻辑上是不可能的——只是在我们有限的经验之外。回顾自己的奇异旅程，鲍耶惊叹道："我从无到有，创造了一个奇怪的新宇宙。"

事实证明，这些所谓的非欧几里得几何有两种类型。在椭圆几何（球面几何是椭圆几何的变体）中，三角形的内角之和大于180°，并且空间具有正曲率。在双曲几何中，三角形的内角之和小于180°，并且空间具有负曲率。在椭圆几何中，没有通过给定点与给定线平行的线；在双曲几何中，有无穷多个。

如果没有视觉上的支撑，例如椭圆几何中的球面，非欧几里得宇宙可能很难掌握。幸运的是，双曲几何有多种模

型。第一个模型解释了"双曲"这个名称：只需将球面替换
为双曲抛物面（图78）。可以看出，该图形表面上的三角
形的边在顶点处相互弯曲，因此内角之和小于180°。另一个
模型是庞加莱圆盘（图79），即单位圆的内部。在此模型
中，"直线"是与单位圆的边缘成直角相交的圆弧。庞加莱
圆盘内的距离也与我们从外部看到的不同。如果我们朝边界
走去，我们就永远也到达不了它；从庞加莱圆盘内部看，当
我们越接近边缘时，距离就越拉长。外边界实际上是无限远
的。如果从庞加莱圆盘外部感知到的从庞加莱圆盘中心到
给定点的距离为x，那么庞加莱圆盘内部感知到的距离就是
$2\tanh^{-1}x$，当x接近1时，该量将趋于无穷大。

$\tanh^{-1}$的出现首次暗示了双曲三角函数在双曲三角函数中
发挥着重要作用这一不足为奇的事实。球面三角学和双曲三
角学之间的相似之处几乎是完美的。要将球面三角函数中的
几乎所有公式转换为双曲三角函数中的公式，只需将参数为
长度（而不是角度）的函数转换为其等价双曲函数。例如，
以下是直双曲三角形的十个标准恒等式：

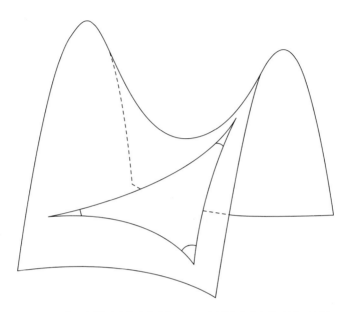

图 78 双曲几何模型（在这个空间中，三角形的内角之和小于 180°）

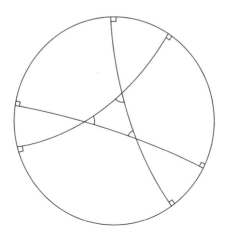

图 79 双曲几何的庞加莱圆盘模型（这个空间的"直线"是与边界圆成直角的圆弧。三角形的内角之和小于 180°）

$$\sinh b = \tanh a \cot A , \qquad \sinh a = \sin A \sinh c ,$$
$$\cosh c = \cot A \cot B , \qquad \cos A = \sin B \cosh a ,$$
$$\sinh a = \cot B \tanh b , \qquad \cos B = \cosh b \sin A ,$$
$$\cos A = \tanh b \coth c , \qquad \sinh b = \sinh c \sin B ,$$
$$\cos B = \coth c \tanh a , \qquad \cosh c = \cosh a \cosh b 。$$

五角星似乎不仅存在于球面上，而且还存在于双曲空间中！

当我们转向斜三角形时，相似之处仍在继续：

正弦双曲定理：$\dfrac{\sinh a}{\sin A} = \dfrac{\sinh b}{\sin B} = \dfrac{\sinh c}{\sin C}$。

余弦双曲定理：$\cosh c = \cosh a \cosh b - \sinh a \sinh b \cos C$。

角度余弦双曲定理：$\cos C = -\cos A \cos B + \sin A \sin B \cosh c$。

请注意，与球面几何的平行线在这里以一个较小的方式被打破了：双曲余弦定理的右侧在方程的右侧有一个负号，而球面定律的右侧在方程的右侧有一个正号。

当高斯、鲍耶和罗巴切夫斯基探索他们奇怪的新宇宙时，他们的脑海中并没有想象出他们的理论的物理表现。它们只是新的知识结构，挑战了几何学应该如何运作的基本假设。不到一个世纪后，双曲三角学作为爱因斯坦狭义相对论的一部分找到了归宿。尽管伟大的数学常常源于伟大的科学，但有时伟大的数学是先出现的。

我们对三角学的简短介绍已经结束，但是有很多方法可以让我们继续这一探险。三角学最初是几何学和计算的结合，用于追踪古希腊天体的运动，后来它与科学中一些最重要的发展相互作用。三角学本身创造了一些世界上最美丽的数学。教科书中出现的三角学的内容只是令人震惊的冰山一角。

名词表

巴塞洛缪·皮蒂斯库斯	Bartholomew Pitiscus
柏拉图	Plato
摆线	cycloid
半径值	radius
半正矢	haversine
鲍耶·亚诺什	Bolyai János
毕达哥拉斯定理	Pythagorean theorem
不列颠三角学	*Trigonometria Britannica*
布鲁克·泰勒	Brook Taylor
布鲁内莱斯基圆顶	Brunelleschi's dome

C

参数（复数的）	argument (of a complex number)
查尔斯·道奇生	Charles Dodgson
潮汐	tides
潮汐预报器	tide predicter
赤经	right ascension
春分点	vernal equinox

D

大拱门（圣路易斯）	Gateway Arch (St Louis)
大圆	great circle
单位圆	unit circle
导航	navigation
笛卡儿坐标	Cartesian coordinates

第谷·布拉赫	Tycho Brahe
棣莫弗公式	De Moivre's formula
定点迭代	fixed-point iteration
定义	definition
杜勒斯机场	Dulles Airport
对数	logarithms

F

反正切	inverse tangent
反正弦	inverse sine
梵天笈多	Brahmagupta
方波	square wave
非欧几里得几何	non-Euclidean geometry
斐波那契	Fibonacci
费迪南德·冯·林德曼	Ferdinand von Lindemann
弗朗切斯科·马罗利科	Francesco Maurolico
弗朗索瓦·达维耶·德·丰塞内克斯	François Daviet de Foncenex
弗朗索瓦·韦达	François Viète
符号	notation
复数	complex numbers
傅立叶级数	Fourier series

G

哥白尼	Copernicus
割线	secant

格奥尔格·雷蒂库斯　　　　　Georg Rheticus
格雷戈里 – 莱布尼茨级数　　　Gregory-Leibniz series
马达瓦 – 格雷戈里 – 莱布尼茨级数　Mādhava-Gregory-Leibniz series
公理　　　　　　　　　　　　axioms
轨道偏心率　　　　　　　　　eccentricity of orbit
晷针　　　　　　　　　　　　gnomon

H

函数　　　　　　　　　　　　function
和差化积公式　　　　　　　　the sum-to-product formulas
亨利·比林斯利　　　　　　　Henry Billingsley
亨利·布里格斯　　　　　　　Henry Briggs
弧度　　　　　　　　　　　　radians
胡克定律　　　　　　　　　　Hooke's Law
黄道　　　　　　　　　　　　ecliptic
黄金比例　　　　　　　　　　golden ratio
黄金三角形　　　　　　　　　golden triangle
惠更斯　　　　　　　　　　　Huygens
浑天仪　　　　　　　　　　　armillary sphere

J

积化和差公式　　　　　　　　the product-to-sum formulas
吉布斯现象　　　　　　　　　Gibbs phenomenon
吉尔斯·德·罗伯瓦尔　　　　Gilles de Roberval
级数　　　　　　　　　　　　series

伽利略	Galileo
贾姆希德·阿尔·卡西	Jamshīd al-Kāshī
节拍现象	beat phenomenon
杰克·沃尔德	Jack Volder
解析几何	analytic geometry
矩阵	matrices

K

卡达贾	kardajas
卡尔·弗里德里希·高斯	Carl Friedrich Gauss
卡尔·莫尔韦德	Karl Mollweide
卡斯帕·韦塞尔	Caspar Wessel
开尔文勋爵	Lord Kelvin
凯撒大帝	Julius Caesar
克劳迪厄斯·托勒密	Claudius Ptolemaeus
克里斯托弗·哥伦布	Christopher Columbus

L

莱昂哈德·欧拉	Leonhard Euler
莱布尼茨	Leibniz
勒内·笛卡儿	René Descartes
雷吉奥蒙塔努斯	Regiomontanus
理查德·费恩曼	Richard Feynman
刘易斯·卡洛尔	Lewis Carroll
罗伯特·胡克	Robert Hooke

罗德岛的迈克尔	Michael of Rhodes
罗德岛的喜帕恰斯	Hipparchus of Rhodes
罗杰·科茨	Roger Cotes

M

马达瓦 – 格雷戈里 – 莱布尼茨级数	Mādhava-Gregory-Leibniz series
马特洛	*marteloio*
梅钦公式	Machin's formula
幂	powers
模数（复数的）	modulus (of a complex number)
莫尔韦德公式	Mollweide's formulas
莫里·雅各布斯	Morrie Jacobs
莫里定律	Morrie's Law
莫里斯·布雷修	Maurice Bressieu

N

纳皮尔规则	Napier's Rules
尼古拉·罗巴切夫斯基	Nicolai Lobachevsky
尼拉坎塔	Nīlakantha
牛顿冷却定律	Newton's Law of Cooling

O

欧拉公式	Euler's formula
欧拉恒等式	Euler's identity

圣维克多休	Hugh of St Victor
实用几何	practical geometry
数列	sequence
双曲的	hyperbolic
双曲几何	hyperbolic geometry
双曲角大小	magnitude of the hyperbolic angle
双曲抛物面	hyperbolic paraboloid
双曲线	hyperbola
双曲余弦	hyperbolic cosine
双曲余弦和定律	hyperbolic cosine sum law
双曲正弦	hyperbolic sine
双曲正弦和定律	hyperbolic sine sum law
双曲正弦和化积公式	hyperbolic sine sum-to-product formula
双曲正弦积化和公式	hyperbolic sine product-to-sumformula
双曲正弦三倍参数公式	hyperbolic sine triple-argument formula
双曲正弦双倍参数公式	hyperbolic sine double-argument formula
四元数	quaternions
缩写	abbreviations

T

塔克卡斯拉	Tāq Kasrā
太阳赤纬	solar declination
太阳的地理位置（GP）	the Sun's geographic position (GP)
泰勒级数	Taylor series
天赤道	celestial equator
天球	celestial sphere

天文单位	astronomical unit
图形	graph of
托马斯·芬克	Thomas Fincke
托马斯·哈伯德·萨姆纳	Thomas Hubbard Sumner
椭圆几何	elliptical geometry

弦	chord
小圆	small circle
谐波分析仪	harmonic analyser
悬链线	catenary
旋转	rotations

Y

雅各布	Jacopo
亚历山大的欧几里得	Euclid of Alexandria
伊本·叶哈亚·萨马乌尔·马格里比	Ibn Yahyā al-Samaw'al al-Maghribī
阴影	shadow
余割	cosecant
余割三角公式	cosecant triple-angle formula
余切	cotangent
余矢	versed cosine
余弦	cosine
余弦定理 / 定律	Law of Cosines
余弦和角公式	cosine angle sum formula

余弦角差公式	cosine angle difference formula
圆	circle
约翰·伯努利	Johann Bernoulli
约翰·海因里希·兰伯特	Johann Heinrich Lambert
约翰·赫歇尔	John Herschel
约翰·梅钦	John Machin
约翰·纳皮尔	John Napier
约翰·维尔纳	Johann Werner
约翰内斯·开普勒	Johannes Kepler
运动	motion

Z

詹姆斯·格雷戈里	James Gregory
正方形	square
正九边形	regular nonagon
正六边形	regular hexagon
正切	tangent
正切倍角公式	tangent double-angle formula
正切定律	Law of Tangents
正切和差定律	tangent sum and difference laws
正切三倍角公式	tangent triple-angle formula
正十边形	regular decagon
正矢	versed sine
正五边形	regular pentagon
正弦	sine
正弦半角公式	sine half-angle formula

正弦倍角公式	sine double-angle formula
正弦定理	Law of Sines
正弦角差公式	sine angle difference formula
正弦角和公式	sine angle sum formula
正弦五倍角公式	sine quintuple-angle formula
直尺和圆规	straightedge and compass
综合几何	synthetic geometry
坐标旋转数字计算机（CORDIC）	CORDIC (COordinate Rotation DIgital Computer)

其他

《铂金作品》	*Opus palatinum*
《和谐测量》	*Harmonia mensuram*
《几何学》	*Geometria rotundi*
《几何原本》	*Elements*
《揭露天文学家的数学错误》	*Exposure of the Errors of the Astronomers*
《论方程的整理与修正》	*Ad angularum sectionum analyticen*
《魔兽世界》	World of Warcraft
《奇妙的对数规律的描述》	*Mirifici logarithmorum canonis description*
《热的分析理论》	*Analytical Theory of Heat*
《三角测量》	*Trigonometriae*
《天文学大成》	*Almagest*
《无限项方程分析》	*Of Analysis by Equations of an Infinite Number of Terms*
《应用于三角学的数学定律》	*Canon mathematicus seu ad triangula*

"走进大学"丛书书目

什么是金属材料工程？

王　清　大连理工大学材料科学与工程学院教授

李佳艳　大连理工大学材料科学与工程学院副教授

董红刚　大连理工大学材料科学与工程学院党委书记、教授(主审)

陈国清　大连理工大学材料科学与工程学院副院长、教授(主审)

什么是功能材料？　李晓娜　大连理工大学材料科学与工程学院教授

董红刚　大连理工大学材料科学与工程学院党委书记、教授(主审)

陈国清　大连理工大学材料科学与工程学院副院长、教授(主审)

什么是自动化？　王　伟　大连理工大学控制科学与工程学院教授
国家杰出青年科学基金获得者(主审)

王宏伟　大连理工大学控制科学与工程学院教授

王　东　大连理工大学控制科学与工程学院教授

夏　浩　大连理工大学控制科学与工程学院院长、教授

什么是计算机？　嵩　天　北京理工大学网络空间安全学院副院长、教授

什么是人工智能？　江　贺　大连理工大学人工智能大连研究院院长、教授
国家优秀青年科学基金获得者

任志磊　大连理工大学软件学院教授

什么是土木工程？　李宏男　大连理工大学土木工程学院教授
国家杰出青年科学基金获得者

什么是水利？　张　弛　大连理工大学建设工程学部部长、教授
国家杰出青年科学基金获得者

什么是化学工程？　贺高红　大连理工大学化工学院教授
国家杰出青年科学基金获得者

李祥村　大连理工大学化工学院副教授

什么是矿业？　万志军　中国矿业大学矿业工程学院副院长、教授
入选教育部"新世纪优秀人才支持计划"

什么是纺织？　伏广伟　中国纺织工程学会理事长(作序)

郑来久　大连工业大学纺织与材料工程学院二级教授

什么是轻工？　石　碧　中国工程院院士

平清伟　四川大学轻纺与食品学院教授(作序)
大连工业大学轻工与化学工程学院教授

什么是海洋工程？柳淑学　大连理工大学水利工程学院研究员
　　　　　　　　　　　　入选教育部"新世纪优秀人才支持计划"
　　　　　　　李金宣　大连理工大学水利工程学院副教授
什么是船舶与海洋工程？
　　　　　　　张桂勇　大连理工大学船舶工程学院院长、教授
　　　　　　　　　　　　国家杰出青年科学基金获得者
　　　　　　　汪　骥　大连理工大学船舶工程学院副院长、教授
什么是海洋科学？管长龙　中国海洋大学海洋与大气学院名誉院长、教授
　　　　　　　张桂勇　大连理工大学船舶工程学院院长、教授国家杰出
　　　　　　　　　　　　青年科学基金获得者
　　　　　　　汪　骥　大连理工大学船舶工程学院副院长、教授
什么是航空航天？万志强　北京航空航天大学航空科学与工程学院副院长、教授
　　　　　　　杨　超　北京航空航天大学航空科学与工程学院教授
　　　　　　　　　　　　入选教育部"新世纪优秀人才支持计划"
什么是生物医学工程？
　　　　　　　万遂人　东南大学生物科学与医学工程学院教授
　　　　　　　　　　　　中国生物医学工程学会副理事长(作序)
　　　　　　　邱天爽　大连理工大学生物医学工程学院教授
　　　　　　　刘　蓉　大连理工大学生物医学工程学院副教授
　　　　　　　齐莉萍　大连理工大学生物医学工程学院副教授
什么是食品科学与工程？
　　　　　　　朱蓓薇　中国工程院院士
　　　　　　　　　　　　大连工业大学食品学院教授
什么是建筑？　齐　康　中国科学院院士
　　　　　　　　　　　　东南大学建筑研究所所长、教授(作序)
　　　　　　　唐　建　大连理工大学建筑与艺术学院院长、教授
什么是生物工程？贾凌云　大连理工大学生物工程学院院长、教授
　　　　　　　　　　　　入选教育部"新世纪优秀人才支持计划"
　　　　　　　袁文杰　大连理工大学生物工程学院副院长、副教授
什么是物流管理与工程？
　　　　　　　刘志学　华中科技大学管理学院二级教授、博士生导师
　　　　　　　刘伟华　天津大学运营与供应链管理系主任、讲席教授、博士生导师
　　　　　　　　　　　　国家级青年人才计划入选者

什么是哲学？	林德宏	南京大学哲学系教授
		南京大学人文社会科学荣誉资深教授
	刘 鹏	南京大学哲学系副主任、副教授
什么是经济学？	原毅军	大连理工大学经济管理学院教授
什么是经济与贸易？		
	黄卫平	中国人民大学经济学院原院长中国人民大学教授(主审)
	黄 剑	中国人民大学经济学博士暨世界经济研究中心研究员
什么是社会学？	张建明	中国人民大学党委原常务副书记、教授(作序)
	陈劲松	中国人民大学社会与人口学院教授
	仲婧然	中国人民大学社会与人口学院博士研究生
	陈含章	中国人民大学社会与人口学院硕士研究生
什么是民族学？	南文渊	大连民族大学东北少数民族研究院教授
什么是公安学？	靳高风	中国人民公安大学犯罪学学院院长、教授
	李姝音	中国人民公安大学犯罪学学院副教授
什么是法学？	陈柏峰	中南财经政法大学法学院院长、教授
		第九届"全国杰出青年法学家"
什么是教育学？	孙阳春	大连理工大学高等教育研究院教授
	林 杰	大连理工大学高等教育研究院副教授
什么是小学教育？	刘 慧	首都师范大学初等教育学院教授
什么是体育学？	于素梅	中国教育科学研究院体育美育教育研究所副所长、研究员
	王昌友	怀化学院体育与健康学院副教授
什么是心理学？	李 焰	清华大学学生心理发展指导中心主任、教授(主审)
	于 晶	辽宁师范大学教育学院教授
什么是中国语言文学？		
	赵小琪	广东培正学院人文学院特聘教授
		武汉大学文学院教授
	谭元亨	华南理工大学新闻与传播学院二级教授
什么是新闻传播学？		
	陈力丹	四川大学讲席教授
		中国人民大学荣誉一级教授
	陈俊妮	中央民族大学新闻与传播学院副教授

什么是历史学？	张耕华	华东师范大学历史学系教授
什么是林学？	张凌云	北京林业大学林学院教授
	张新娜	北京林业大学林学院副教授
什么是动物医学？	陈启军	沈阳农业大学校长、教授
		国家杰出青年科学基金获得者
		"新世纪百千万人才工程"国家级人选
	高维凡	曾任沈阳农业大学动物科学与医学学院副教授
	吴长德	沈阳农业大学动物科学与医学学院教授
	姜 宁	沈阳农业大学动物科学与医学学院教授
什么是农学？	陈温福	中国工程院院士
		沈阳农业大学农学院教授(主审)
	于海秋	沈阳农业大学农学院院长、教授
	周宇飞	沈阳农业大学农学院副教授
	徐正进	沈阳农业大学农学院教授
什么是植物生产？	李天来	中国工程院院士
		沈阳农业大学园艺学院教授
什么是医学？	任守双	哈尔滨医科大学马克思主义学院教授
什么是中医学？	贾春华	北京中医药大学中医学院教授
	李 湛	北京中医药大学岐黄国医班(九年制)博士研究生
什么是公共卫生与预防医学？		
	刘剑君	中国疾病预防控制中心副主任、研究生院执行院长
	刘 珏	北京大学公共卫生学院研究员
	么鸿雁	中国疾病预防控制中心研究员
	张 晖	全国科学技术名词审定委员会事务中心副主任
什么是药学？	尤启冬	中国药科大学药学院教授
	郭小可	中国药科大学药学院副教授
什么是护理学？	姜安丽	海军军医大学护理学院教授
	周兰姝	海军军医大学护理学院教授
	刘 霖	海军军医大学护理学院副教授
什么是管理学？	齐丽云	大连理工大学经济管理学院副教授
	汪克夷	大连理工大学经济管理学院教授

什么是图书情报与档案管理？

李　刚　南京大学信息管理学院教授

什么是电子商务？　李　琪　西安交通大学经济与金融学院二级教授

彭丽芳　厦门大学管理学院教授

什么是工业工程？　郑　力　清华大学副校长、教授(作序)

周德群　南京航空航天大学经济与管理学院院长、二级教授

欧阳林寒　南京航空航天大学经济与管理学院研究员

什么是艺术学？　梁　玖　北京师范大学艺术与传媒学院教授

什么是戏剧与影视学？

梁振华　北京师范大学文学院教授、影视编剧、制片人

什么是设计学？　李砚祖　清华大学美术学院教授

朱怡芳　中国艺术研究院副研究员

什么是有机化学？　（英）格雷厄姆·帕特里克（作者）

西苏格兰大学有机化学和药物化学讲师

刘　春（译者）

大连理工大学化工学院教授

高欣钦（译者）

大连理工大学化工学院副教授

什么是晶体学？　（英）A. M. 格拉泽（作者）

牛津大学物理学荣誉教授

华威大学客座教授

刘　涛（译者）

大连理工大学化工学院教授

赵　亮（译者）

大连理工大学化工学院副研究员

什么是三角学？　（加）格伦·范·布鲁梅伦（作者）

奎斯特大学数学系协调员

加拿大数学史与哲学学会前主席

雷逢春（译者）

大连理工大学数学科学学院教授

李风玲（译者）

大连理工大学数学科学学院教授

什么是对称学？　（英）伊恩·斯图尔特（作者）

英国皇家学会会员

华威大学数学专业荣誉教授

刘西民（译者）

大连理工大学数学科学学院教授

李风玲（译者）

大连理工大学数学科学学院教授

什么是麻醉学？　（英）艾登·奥唐纳（作者）

英国皇家麻醉师学院研究员

澳大利亚和新西兰麻醉师学院研究员

毕聪杰（译者）

大连市中心医院麻醉科副主任，主任医师

大连市青年才俊

什么是药品？　（英）莱斯·艾弗森（作者）

牛津大学药理学系客座教授

剑桥大学 MRC 神经化学药理学组前主任

程　昉（译者）

大连理工大学化工学院药学系教授

张立军（译者）

大连市第三人民医院主任医师、专业技术二级教授

"兴辽英才计划"领军医学名家

什么是哺乳动物？　（英）T. S. 肯普（作者）

牛津大学圣约翰学院荣誉研究员

曾任牛津大学自然历史博物馆动物学系讲师

牛津大学动物学藏品馆长

田　天（译者）

大连理工大学环境学院副教授

王鹤霏（译者）

国家海洋环境监测中心工程师

什么是兽医学？　（英）詹姆斯·耶茨（作者）

英国防止虐待动物协会首席兽医官

英国皇家兽医学院执业成员和官方兽医

马　莉（译者）

大连理工大学外国语学院副教授

什么是生物多样性保护？

（英）大卫·W.麦克唐纳（作者）

牛津大学野生动物保护研究室主任

达尔文咨询委员会主席

杨　君（译者）

大连理工大学生物工程学院党委书记、教授

辽宁省生物实验教学示范中心主任

张　正（译者）

大连理工大学生物工程学院博士研究生

王梓丞（译者）

美国俄勒冈州立大学理学院微生物学系学生